挺进深海

潜航一万米

王自堃
赵建东◎编著

青岛出版社
QINGDAO PUBLISHING HOUSE

总 序

1888 年 12 月 17 日，我国近代规模最大的海军舰队在山东威海卫刘公岛成立。这支军队的建立实在迫于当时的形势与国情。这要从第一次鸦片战争说起。

1840 年，英国以虎门销烟事件为借口，发动了第一次鸦片战争。此役，清政府一败涂地。英国得了银子，占了香港。1856 年，英国和法国为扩大在华利益，分别以亚罗号事件和马神甫事件为借口，发动了第二次鸦片战争。清政府又一次割地赔款。

落后就要挨打，面对风雨飘摇的弱者，谁都想分一杯羹。1874 年，日本以牡丹社事件为借口出兵我国台湾。结果，清政府自知实力不足、海防空虚，且新疆亦有纷争，不欲战事扩大，遂赔款 50 万两白银。

台湾战事令清政府朝野震怒：前两次打不过英、法，此次“日本东洋一小国”又寻衅生事，怎能咽下这口气？危机意识刺激着清政府，一场近代海防建设的大讨论激烈展开。恭亲王提出“练兵、简器、造船、筹饷、用人、持久”等 6 条紧急机宜；李鸿章献上洋洋万言的《筹议海防折》，提出要进装备、强海防；丁日昌则建议建立三洋海军。总理衙门综合各方面的意见，提交了实施方案。清政府基本同意创设三支海军的奏请。光绪帝特命北洋大臣李鸿章创设北洋水师。

李鸿章即着手筹办北洋海军，通过英国人赫德在英国订购了 4 艘蚊船。1876 年 11 月，“龙骧”“虎威”“飞霆”“策电”4 艘蚊船抵达天津后南下福建。“龙骧”“虎威”二船驻防澎湖，“飞霆”“策电”随水军操练。因确信蚊船的质量，李鸿章又订购了 4 艘，分别命名为“镇东”“镇西”“镇南”“镇北”，留北洋接受调遣。1879—1881 年，清政府又向英国、德国订造“扬威”“超勇”两艘撞击巡洋舰以及“定远”“镇远”两艘铁甲舰。

促成清政府决心设立海军的是中法战争。1883 年 12 月至 1885 年 4 月，法国陆海两路进攻我国。法国舰队尤其肆无忌惮，在福建、浙江沿海一带击沉或击伤清战舰多艘，令清政府受到极大刺激。光绪下谕“惩前毖后，自以大治水师为主”，决定设立海军衙门。

此后 3 年，清政府海防事业迅速发展，从英、德等海军强国购置了鱼雷艇、巡洋舰等多种海军装备。1888 年 12 月 17 日，清政府在山东威海卫刘公岛成立海军舰队，史称“北洋水师”。我国近代海军装备发展由此掀起一个高潮。

北洋水师作战舰艇的总吨位超过3万吨，一度使我国跃居海军大国的行列，在亚洲地区首屈一指。有人专门为这支队伍谱写了一首军歌：

宝祚延庥万国欢，景星拱极五云端。

海波澄碧春辉丽，旌节花间集凤鸾。

好景不长。几年后，北洋水师在甲午中日海战中惨败，清政府被迫签订不平等的《马关条约》，割让台湾岛、澎湖列岛等给日本，赔款2亿两白银。自此，西方列强对中国这块“肥肉”更加垂涎三尺，欲进一步瓜分。1900年，八国联军在天津集结，攻占大沽炮台，进而占领北京，逼迫清政府签下近代史上赔款数额最大、主权丧失最多、精神屈辱最深、给中国人民带来空前灾难的不平等条约——《辛丑条约》。海洋上的失利，就这样持续戳痛着中国人的心。

青年时代的毛泽东曾专程跑到天津大沽口，深沉地指着大海说：“过去，帝国主义侵略中国大多从海上来。中国有海无防，帝国主义国家如同行走内河，屡屡入侵中国领土。”

近代百年的历史，给予中华民族刻骨铭心的教训——“向海而兴、背海而衰；不能制海、必为海制”；更使国人坚定了一种信念——“海洋兴，则国兴；海洋衰，则国衰”。

目光投向海洋，崛起离不开海洋。新中国成立前夕的1949年8月，毛泽东为华东军区海军题词：“我们一定要建设一支海军。”1953年2月19日，毛泽东首次视察海军部队，乘军舰航行4天3夜，为“长江”“洛阳”“南昌”“黄河”“广州”5艘军舰题词：“为了反对帝国主义的侵略，我们一定要建立强大的海军。”他的许多海洋发展思想陆续形成：“把一万多公里的海岸线建成‘海上长城’”，“必须大搞造船工业，大量造船，建立海上铁路”，“过去在陆地上，我们爱山、爱土，现在是海军，就应该爱舰、爱岛、爱海洋”，“核潜艇，一万年也要搞出来”……

这些思想，既面向世界、反对侵略，又立足国家需求、改变了传统的重陆轻海观念。同时，这也构筑了海洋事业发展的丰富内涵，奠定了中国海洋事业发展的基础。

百年砥砺奋进迎来百年沧桑巨变。勤劳勇敢的中国人民辟除榛莽、乘风破浪，纵横九万里，潜航一万米，奋楫千重浪，决战新要地。深邃浩渺的海洋迎来了中国人的航母、军舰、科考船、海洋卫星、潜水器、跨海大桥、海底隧道、海洋生物医药、淡化海水、石油钻井平台、高效港口……这正是：

虎门销烟气氤氲，帝国主义战舰侵。

山河破碎泪无限，沧海怒波血有魂。

百年漫漫风云路，万众拳拳赤诚心。

开辟天地换日月，向海图强定乾坤。

目　录

第一章　世界深潜之路

中国是继美、法、俄、日之后世界上第五个掌握大深度载人深潜技术的国家。

在海洋深潜之路上，中国虽起步较晚，却创造了惊艳世界的成绩。

2012 年 6 月 27 日，“蛟龙”号载人潜水器刷新了“中国深度”，在世界最深处马里亚纳海沟下潜到 7062 米的深处，创造了全球作业型载人潜水器下潜深度的世界纪录。它的名字——“蛟龙”，从此响彻世界。

“蛟龙”号的成功奠定了我国载人深潜发展的基石。2020 年 11 月 10 日清晨，我国研制的全海深载人潜水器——载着 3 名潜航员的“奋斗者”号被稳稳布放入水。近 4 小时后，“奋斗者”号成功坐底，下潜深度达 10909 米，创造了中国载人深潜新纪录，达到世界领先水平。

深海潜水球

“海底那么深,我想去看看。”和“上天”一样,“入海”也是人类一直以来的梦想。

自古以来,有这种想法的人不在少数。中国神话小说《西游记》里就有很多关于海底龙宫的描写,反映了人们对深海世界的向往和想象。那么,怎样才能潜入深海到“龙宫”去呢?深海压力高达几百个甚至上千个大气压,游泳恐怕不行,这就要借助潜水器了。

1554年,意大利人塔尔奇利亚制造了木质球形潜水器,对后来潜水器的研制产生了深远影响。因为球形外壳在任何一个方向上所承受的压强大小相等,所以球形是选择耐挤压容器时的理想形状。

第一个有实用价值的潜水器是英国人哈雷于1717年设计制造的。彼时,人们大多利用潜水器探寻沉船及沉船上的宝物,但这些潜水器须由空气管和绳索与水面上的母船保持联系,且没有动力支持其水下航行。1894年,意大利工程师波左制造出一个空心金属球,并成功地把它送到165米深的海底。在将近18个大气压的作用下,空心金属球没有被压碎。这让当时的潜艇制造者们惊喜又意外——这点子不错。

1903年,又一名意大利工程师在潜水器研制领域取得突破,这位工程师名叫皮诺。皮诺的潜水球并不完全是球形的,而是有点像鸡蛋,近似椭球,里面可以容纳两个人。皮诺曾经驾着新装置在意大利近海多次潜到130米深的海底,试验结果证明该装置安全可靠。130米,是现在的潜艇轻轻松松就可以达到的深度。

深海潜水器的内部空间(直径约为137厘米)

到了20世纪20年代,深潜领域迎来革命性的成果。1928年11月,美国探险家威廉·贝比在报纸上发表文章,讲述了自己深海探险的梦想。此后,众多发明家看到报纸,不断给他提供可能的潜艇设计构想。奥蒂斯·巴顿是一个富有思想的

年轻设计师，他认为潜入深海最合理的深海潜艇的形状应该是球形。巴顿把自己设计的图纸交给贝比看。贝比一下子就被这个简洁、实用的设计打动了。他们一拍即合，决定共同完成这件事。

巴顿设计的这个潜水球是由铸铁制造的，球体直径为 1.42 米，球壁厚 3 厘米，重达 2450 千克。潜水球每平方厘米表面能承受超过相当于 105.5 千克重物体的压力——与海面下 3400 米深度的压力相当，可谓相当坚固。潜水球上装有圆形的窗户，窗厚 7.6 厘米，直径为 20.3 厘米。

深海潜水球里备有自供氧气筒，还有氯化钙和碱石灰。人在潜水球里需要的氧气由氧气筒提供，身上散发的湿气和呼出的二氧化碳由氯化钙和碱石灰吸收。深海潜水球靠一根管子连接母船，管内的电缆能供给探照灯与电力机械所需的电力，还装上了电话线。下潜时，深海潜水球是被一根粗 2.2 厘米、长 10.6 千米的钢铁制电缆线吊入海里的。

1930 年 6 月 6 日，深海潜水球进行了第一次试潜。下潜到 90 多米深处时，贝比和巴顿惊恐地发现海水从密封盖的缝隙中渗了进来。但是，他们冷静下来后分析：如果下潜到更深处，随着外部压力的加大，密封圈会被压实，海水就不会再渗进来了。他们打电话给潜水母船，要求快速下降。2 分钟后，潜水球潜到 183 米深处，海水果真不再渗漏了。

潜水球的首次试潜下潜到了 244 米深处，这已经是当时人类下潜到的海洋最深处。在此后的几年里，贝比和巴顿共进行了 16 次深海潜水试验。每一次试潜，贝比都会把在海底看到的那些奇妙生物通过电话向母船上的人进行描述。1932 年 9 月 22 日，贝比和巴顿通过无线电向美国和英国的广大听众“直播”了他们的潜水探险过程。从来没有人潜到过那么深的海底，因此他们所提供的每一条消息、所讲的每一句话在当时都是新的发现。

贝比、巴顿与深海潜水球

1934 年 8 月 15 日，贝比和巴顿再一次搭乘深海潜水球在大西洋百慕大海域下潜

到923米深处。这是他们在一起创造的最深潜水纪录。

就在贝比和巴顿创造当时世界最深潜水纪录的前一年——1933年，在芝加哥世界博览会上，瑞士人奥古斯特·皮卡德看到了贝比和巴顿的深海潜水球。他发现：为了方便回收，深海潜水球必须拖曳着铁索被从母船布放到海里，如果要下潜到当时已知的海洋最深处，就需要1万多米的铁索，这是难以做到的。奥古斯特设想：能不能利用浮力让潜水球回到海面呢？

潜水球还是那个潜水球，只是要给它加个浮力舱。当然，像热气球那样用气体做浮力是不行的，奥古斯特想到用汽油，因为汽油比海水轻得多。把汽油放进浮力舱中，就可以提供潜水球返回海面所需的浮力。这样潜水球下沉的时候利用压载物沉入海底，上浮的时候只需抛掉压载物就可以自动回到海面，不再需要用铁索拉拽。

研究人员对潜水球进行测试。

奥古斯特的图纸设计出来了，但恰好赶上第二次世界大战爆发，导致深潜器的建造未能实现。直到1945年，奥古斯特才获得了重新开始研制工作的机会。在比利时国家科研基金的资助下，他花了3年时间完成原型制作。1948年，奥古斯特进一步改进，终于制成了真正的深潜器，并给它取名为“弗恩斯2号”。这艘深潜器装有总容积为30升的汽油浮箱。在浮箱下面的桶框中，磁力强劲的电磁体吸附着铁球，充当压载物。潜

水者如果想回到海面，只需切断控制磁体的电流，铁球就会从桶中漏出，使深海潜水器重量减小并在浮力作用下回到海面。

“弗恩斯 2 号”深潜器

“弗恩斯 2 号”的球形舱室直径为 2 米，壁厚 9 厘米，玻璃窗由厚 15 厘米的有机玻璃制成。根据计算，这台深潜器可以承受 1600 个大气压（相当于 16000 米深处的水压），足以胜任到达地球上最深的海底的任务。

1948 年 10 月 26 日，“弗恩斯 2 号”潜水试验开始了。奥古斯特此时已经 64 岁。他和另一位教授参加了第一次下潜试验。这次试验只下潜了 25 米。后来，法国人收购了“弗恩斯 2 号”潜水器，但奥古斯特和法国人的合作并不顺利。不久，奥古斯特接到了新的聘请书，于是前往意大利筹建深潜器“的里雅斯特号”。

世界首个载人潜水器

“的里雅斯特号”的设计思路和“弗恩斯2号”的差不多。奥古斯特也有了一个得力帮手，就是他的儿子雅克·皮卡德。1953年8月28日，奥古斯特决定同儿子雅克一起去创造深潜纪录。父子俩坐在“的里雅斯特号”深潜器里，毫不费力地下潜到1080米的海底。当他们兴奋地发出抛掉压载物的信号准备上浮时，深潜器却纹丝不动。他们吃惊地发现，深潜器已经部分陷入海底的淤泥中。

“的里雅斯特号”深潜器

好在这只是虚惊一场。随着压载物不断减少，强大的浮力还是让深潜器慢慢摆脱了淤泥的束缚，成功上浮。两天之后，1953年8月30日，父子俩再次下潜，创造了3150米的深潜纪录。就在这个时候，美国人看中了奥古斯特的深潜器，遂与他们签订协议，邀请父子俩到美国合作建造更先进的深潜器。

经过几年的努力，奥古斯特父子和美国海军合作建造的深潜器终于诞生了，仍然被命名为“的里雅斯特号”。虽然两者的基本工作原理是一样的，但新的“的里雅斯特号”在材料、性能上已经有了较大的改进。此时，奥古斯特已经70多岁了，难以再执行深潜任务。他的儿子雅克接替了他的使命，继续向海洋深处挺进。1959年11月15日，雅克

和一名动物学家乘坐新的“的里雅斯特号”完成第一次下潜，创造了5600米的世界纪录，第二年更是到达7315米深处，刷新了一年前的纪录。

事情当然没有到此为止。1960年1月23日上午8时23分，雅克和他的助手乘坐“的里雅斯特号”深潜器下潜到世界最深的马里亚纳海沟沟底，创造了10916米的深潜纪录。两名驾驶潜水器的人员还报告说在海底看到了一条比目鱼和一只小红虾。“的里雅斯特号”在深渊之底停留了20分钟后，抛载返航，安全浮出水面。

“的里雅斯特号”返回水面。

此后，世界多国争相发展深潜器，深潜技术实现了前所未有的突破。相关统计显示，20世纪60年代以来，全世界共建造了200多艘载人潜水器。代表当前国际水平的大深度载人潜水器有法国的“鹦鹉螺号”、俄罗斯的“和平1号”和“和平2号”、日本的“深海6500号”以及美国的“阿尔文号”。这些潜水器属于海底作业型潜水器，自身拥有动力，可以在海底自主航行、定位悬停，机械臂和各类设备可用于在海底采样、探查。“的里雅斯特号”是探险性质的潜水器，只能直上直下，且自身没有动力，在水下不能自由活动，无法开展作业，因此没有实际价值，与前者不具备可比性。

下潜深度纪录

1953年，世界上第一艘无人遥控潜水器问世。1980年，另一艘无人潜水器——法国“逆戟鲸号”下潜至6000米深处。日本“海沟号”无人潜水器于1997年3月24日在

太平洋关岛附近海区从“横须号”母船上放入水中，成功潜到10911米深的马里亚纳海沟底部。这是当时无人潜水器领域的世界纪录。

海底压力大，环境复杂，不论是沉船打捞、海上救生，还是资源勘探、光缆铺设，一般的设备都很难完成。人们将目光集中到机器人身上，希望借此打开海底世界，为人类开拓更广阔的生存空间。日本海洋科学技术中心在1998年制订了新的“海洋开发长期计划”，提出“进一步了解地球”的目标，设定了五大研究领域——揭示海洋和气候的变化机制、调查海洋海底的动态、探索海洋生态系、解析地球系统及研究新的海洋开发技术等，启动了“深海生态环境”和“深海地球钻探计划”两个研究项目。基于此，“海沟号”无人驾驶深海探测器问世。

“海沟号”是缆控式水下机器人，长3米，重5.6吨，装备了摄像机、声呐和一对采集样品的机械手。1995年3月24日上午7时54分，“海沟号”由母船尾部的吊车吊起放入水中，长1.2万米的缆绳缓缓伸向海底。3个半小时后，“海沟号”到达查林杰海渊的底部，水深10911.4米，创造了事实上的世界深潜纪录。

“海沟”号

2003年5月29日，日本科学家利用“海沟号”在日本高知县东南大约130千米处的海域开展海底调查，下潜深度为4673米。这时4号台风开始接近这片海域，操作人员提前结束作业，回收时却发现“海沟号”竟然不知所终。海面控制船与“海沟号”的光

缆通信和高达3000伏的电力供应突然中断，控制船的卷扬机只回收了“海沟号”母船发射架。操作人员大吃一惊，连续用方位测定器向“海沟号”发射了3次信号，但没有接收到任何信号。操作人员推测，“海沟号”没有反应可能是因为受海浪冲击与控制船的距离超过了4千米的信号接收范围。

日本政府和海洋科学领域为之震惊，决定开展搜索与救援，希望找到“海沟号”。然而，一个月过去了，“海沟号”仍杳无音讯，就这样无声无息地消失在茫茫大海。

对于“海沟号”的神秘失踪，日本方面有诸多的猜测：一是铨链鬼使神差地断了，“海沟号”脱离了母船；二是“海沟号”在海床上行进时突然陷入深沟，铨链因无法承受猛然下坠之力而断裂，坠入海底深处，砸坏了信号设备；三是有人盗走了“海沟号”。真相至今是个谜。

“海沟号”的失踪给深海科学研究造成了重大损失，使不少科学家痛心不已。

中国是继美、法、俄、日的世界上第五个掌握大深度载人深潜技术的国家。2006年4月24—28日，我国首台载人潜水器在北京中华世纪坛举行的“中国大洋资源研究开发15年成果展”上首次亮相。这台中国自行设计、自主集成的7000米级载人潜水器可探索占世界海洋面积99.8%的海域。2012年6月27日，这台载人潜水器刷新了“中国深度”，在世界最深处马里亚纳海沟下潜至7062米，也创造了彼时全球作业型载人潜水器下潜的世界纪录。它的名字——“蛟龙”，从此响彻世界。

“蛟龙”刷新“中国深度”。

2020年11月10日8时12分，我国自主研制的“奋斗者”号全海深载人潜水器在马里亚纳海沟10909米深处成功坐底，创造了我国载人深潜新纪录，标志着我国在大深度载人深潜领域达到世界领先水平。

“奋斗者”号

第二章 “蛟龙”诞生

“蛟龙”号实现了我国深海载人技术从几百米到几千米的技术跨越。

立项之初，我国科研人员连到国外参观都困难，更遑论了解、掌握载人深潜的关键核心技术。当时，中国研制过的载人潜水器的最大下潜深度只有600米，一步跨到深度世界领先的7000米，连西方国家都觉得是天方夜谭。

参与研制的专家经过反复研究，最终选择了走自主设计、集成创新之路。凭着中国人特有的智慧，团队攻下技术关，设计出外形类似鲨鱼的载人潜水器。

载人潜水器的升降原理并不复杂。当潜水器全部没入水中，潜航员通过操控仪器往蓄水舱中注水，使重力增加至大于浮力，潜水器就下潜；反之，潜航员通过操控仪器排出蓄水舱的水（或抛掉压载铁），使重力小于浮力，潜水器就会上浮。载人潜水器虽然设计原理简单，但要顺利潜入万米深海还得经受住高水压、低温、缺氧、海水腐蚀的考验，因此每一个部件都必须精益求精、分毫不差。

载人潜水器立项

1999 年 10 月，一场主题为“从发展战略、全球战略和大国战略审视国际海底区域活动”的中国国际海底区域资源开发战略研讨会在杭州举行。来自国务院办公厅、中央政策研究室、财政部、外交部、原国家计委、原国土资源部、原国家海洋局、原国家冶金工业局、原国家有色金属工业局、海军以及相关研究院所、高等院校等单位的领导和专家 50 多人形成了广泛共识：为确定中国 21 世纪的国际海底区域战略，调整适应国际海底区域形势战略，明确不同阶段的工作目标，做好理论与认识上的准备。

2000 年 3 月，中国大洋矿产资源研究开发协会（以下简称“中国大洋协会”）在北京组织召开“深海运载设备需求论证会”，形成论证报告框架。同年 10 月，中国大洋协会通过原国家海洋局、原国土资源部、外交部、科学技术部、原国家冶金工业局、原国家有色金属工业局联合上报国务院《关于国际海底区域工作有关问题的请示》。该请示建议：21 世纪，中国在国际海底采取“持续开展深海勘查、大力发展深海技术、适时建立深海产业”的工作方针。

2000 年 11 月 22 日，时任中国工程院院长的宋健在京听取了中国工程院院士徐秉汉，时任中国大洋协会秘书长、办公室主任的金建才，时任中国大洋协会办公室主任助理的刘峰关于中俄合作研制载人潜水器设想的汇报。他们研究并提出中国研制载人潜水器分两步走策略：首先研制 6000 米载人潜水器，在此基础上进一步开发 11000 米载人潜水器。

深海载人潜水器座谈会

进入 21 世纪，我国加大了对富钴结壳、多金属硫化物资源的调查力度。2001 年，我国在东太平洋海域获得了拥有专属勘探权和优先开采权的面积达 7.5 万平方千米的多金属结核矿区。这意味着我国对深海资源勘查的技术装备需求不断增加，研制大深度载人潜水器呼声日隆。

2001 年元旦刚过，金建才、刘峰便向科技部高新技术发展与产业化司汇报关于载人潜水器立项的事宜。双方一致认为，应该尽快召开高层专家和有关部门领导的座谈会。

2001 年 1 月 16 日，一场深海载人潜水器座谈会在北京召开。外交部、国家发改委、财政部、科技部、原国家海洋局等有关部门负责人以及 10 位院士、15 位教授级专家齐聚一堂，深入探讨我国载人潜水器研发方案。

冬末时节，天气还较寒冷，会议室里却热火朝天。科学家们讨论的焦点是载人潜水器设计下潜深度达到多少合适，需不需要达到 7000 米。第一种观点是：根据我国的发展现状，载人潜水器只要设计下潜深度达到 4000 米就足够了。第二种观点是：人无远虑，必有近忧。载人潜水器设计下潜深度是 4000 米还是 7000 米应该着眼未来发展，不能只看当前的状况。要做就要一步到位，研制出 7000 米级载人潜水器能节省许多人力、物力和时间，有助于我们向深远海进军。

经过反复讨论，与会人员形成共识：载人潜水器的研制应一步到位，避免重复，深度可以定为 7000 米。

接下来的 3 月，俄罗斯科学院代表团来中国访问，在接受时任中国工程院院长宋健会见时，表现出与中国合作研制载人潜水器的兴趣。

4 月 10 日，时任科技部副部长马颂德、时任科技部高新司司长冯记春等听取了时任国家海洋局副局长倪岳峰、时任中国大洋协会办公室主任金建才及主任助理刘峰、时任国家海洋局海洋科学技术司（以下简称“科技司”）副司长王殿昌关于载人潜水器立项的汇报，同意考虑将该项目列入国家“863 计划”重大专项。

6 月，刚上任不久的科技部部长徐冠华到中船重工 702 所调研，听取了载人潜水器研制相关技术汇报。

“一个有活力的民族，迟早要走向深海。”听完汇报，徐冠华掷地有声地说。

6 月 19 日，科技部高新司与 863 专家组专家再次听取关于载人潜水器立项的汇报，基本明确载人潜水器将以国家“863 计划”重大专项的形式立项。7 月 18 日，中国大洋协会向宋健汇报，形成了原则意见：“十五”期间 11000 米载人潜水器以预研为目标，7000 米载人潜水器的研制以实用为目标。

随后,科技部组织专家对7000米载人潜水器技术指标、技术路线等进行论证。

…………

2001年12月1日,北京大雪。许多汽车堵在马路上,不少人到半夜还没回到家。同样堵在路上的刘峰却异常兴奋,因为他获知中国第一个载人深潜项目有望上马。很快,国家“863计划”先进制造与自动化领域通过公开招聘方式选定“7000米载人潜水器”重大专项总体组成员,他们分别是:中国大洋协会刘峰研究员、中国船舶重工集团公司第702研究所万正权研究员、中国科学院沈阳自动化研究所张艾群研究员、中国船舶重工集团公司第701研究所吴崇健研究员。

中国大洋协会、中船重工702所、中科院自动化研究所、中科院声学研究所、中船重工701所等单位又共同编写了《7000米载人潜水器总体方案论证报告》。专家一致认为:该项目总体技术指标先进,技术路线基本可行,关键技术分析清楚。

2002年4月,原国家海洋局向科技部报送了《关于启动7000米载人潜水器重大专项的请示》。6月,科技部下达了《关于“十五”863计划重大专项7000米载人潜水器启动的批复》,确定了4项标志性技术目标,明确了原国家海洋局为项目组织部门,中国大洋协会为业主单位,负责项目的具体组织实施。

7000米载人潜水器的研制是一项复杂的系统工程,涉及潜水器本体系统、水面支持系统、潜航员系统、潜水器应用系统等多个方面。

对于如此庞大的工程,建立完善的组织保障体系至关重要。7000米载人潜水器的研制创新了组织机制。行政路线上,原国家海洋局作为项目组织部门,成立了7000米载人潜水器重大专项领导小组,全面领导项目研制工作。技术路线上,该项目成立了7000米载人潜水器重大专项总体组,负责潜水器本体系统、水面支持系统、潜航员系统、潜水器应用系统间的总体技术协调;成立了潜水器本体总师组,负责潜水器本体技术协调。(后来,又成立了水面支持系统组,负责水面支持系统技术协调;成立了潜航员培训专家组,负责潜航员选拔和培训的技术指导与协调;成立了国家深海基地筹建办公室,负责深入研究潜水器的业务化运行模式等。)

“蛟龙”号总体组组长刘峰

2002年7月，载人潜水器专项总体组确定了参研单位的任务分工：中国大洋协会负责重大专项的总体协调与组织实施；中船重工702所负责潜水器本体技术的总体协调，包括潜水器本体总体优化集成、耐压结构及密封、作业系统、生命支持系统的研制；中科院声学研究所负责潜水器本体声学系统的总体设计和研制，包括水声通信机、远程超短基线声呐、多普勒声呐、测距声呐、测深侧扫声呐和声呐主控制器的研制；中科院沈阳自动化研究所负责潜水器本体控制系统总体规划和研制，包括潜水器信息监测、处理和综合显控系统以及导航定位系统、航行控制系统的研制；中船重工701所负责潜水器试验母船的改装设计和水面支持系统研制，包括母船设计、布放回收系统及辅助设施的研制。

力邀老将出马

在改革开放多年的发展中，我国科学家对深海技术装备开展了一系列研究、开发和应用，在耐压结构及密封、槽道螺旋桨推进、通信导航定位、水体生态环境探测、图像传输、预编程控制、主从式机械手控制等技术上已取得实用性成果，在路径规划、动力定位、光学、声学图像识别及导引、力感机械手智能技术等方面也取得实质性进展。但是，就当时中国的深海装备技术水平来讲，7000米的深度目标既是必然选择，又是艰难选择。要实现从600米到7000米的技术跨越，确定正确的技术路线至关重要。立项之初，我国科研人员连到国外参观都困难，更遑论了解、掌握关键核心技术。

伴随着新世纪的曙光，科研人员迎来了中国深海载人潜水器的好消息。当时，美国的“阿尔文号”载人潜水器已经下水近40年，法国的“鹦鹉螺号”已下水15年，俄罗斯的“和平号”已下水13年，日本的“深海6500号”已下水11年。我国载人潜水器重大专项获批，刘峰很高兴。作为项目总体组组长，兴奋之余，刘峰又发了愁：专项批了，可是怎么把潜水器造出来呢？

重任在肩，备感压力的刘峰立刻想到了一个人——徐芑南。

徐芑南与“蛟龙”号

徐芑南当时是中国船舶重工集团第702研究所研究员，自1958年从上海交通大学造船系船舶制造专业毕业后，一直致力于舰船结构力学研究和潜水器的研发。20世纪60年代，他主持创建、研发了我国最大的深海模拟试验设备群和潜水器耐压壳稳性试验技术。20世纪80年代，他创造性地研制出多型载人潜水器和水下机器人，为我国深潜技术及载人、无人多种潜水器的设计、建造、应用做出了突出贡献。

早在20世纪90年代，刘峰就结识了徐芑南，并为他的学识水平所折服。而此时，徐芑南退休在家已经6年，能不能出山还未可知。

"徐老，告诉您一个好消息，7000米载人潜水器已经通过科技部立项。我们想请您出山，担任载人潜水器本体总设计师。"

"这真是一个振奋人心的好消息，不过，国内这方面的专家很多，而我已经退休了，你们还是另请高明吧。"徐芑南婉言谢绝道。

"问题的关键在于要载人下海，必须保证万无一失。我们国家的载人潜水器从来没有达到这么深的程度。您是这方面的顶级专家，希望能慎重考虑。"

中船重工702所位于无锡，而徐芑南家在上海，来回上班不大方便。而且，702所当时没有返聘制度，如果为此开了先例，一些制度也要随之变更。刘峰在中国大洋协会办公室任职，这个问题对他来说似乎有点棘手。

为了促成我国载人潜水器的研发，求贤若渴的刘峰来不及多想，拿起手机就给时任702所所长部焕秋打电话。

沟通了两个多小时后，部焕秋终于被说服了。

徐芑南也被刘峰的真诚打动，答应担任7000米载人潜水器本体总设计师。

我国首台载人潜水器问世

载人潜水器立项之初，中国研制过的载人潜水器的最大下潜深度只有600米，一步跨到深度是世界领先的7000米，连西方国家都觉得是天方夜谭。

载人潜水器的研制走什么样的技术路线？当时的项目组面临着3种选择：一是全部国产、自主研发；二是自主设计、集成创新；三是全部依靠进口，直接买来潜水器。

如果采用第一条路线，完全依靠自主开发，每一个部件都自行研制，那么项目周期会很长，研发的经费也会成倍增长。就当时国内的情况来讲，技术条件有限，相关的材料难以生产，技术水平和经验不足，要制造这样一个需要绝对安全的深海装备，显然很难。采用第三

条路线对于发展我国载人深潜事业贡献不大。站在前人的肩膀上，依靠国际合作，引进部分部件后集成创新，不仅可以缩短周期，还可以节省经费投入。参与研制的几个组的专家在北京、无锡等地反复考察、研究，最终选择了一条“折中”的自主设计、集成创新之路。这样的技术路线无疑是中国发展7000米载人潜水器的最佳路径。

载人潜水器的每一个部件都很重要。在深海环境中作业，潜水器上任何一个部件都不能出现丝毫偏差，所谓“失之毫厘，谬以千里”在此体现得淋漓尽致。从载人球舱和浮力材料的制作中，我们便能体会一二。

载人球舱是潜水器的重中之重，是潜航员的生命保护神，如果造不好，载人潜水器就无从谈起。浮力材料可以提升潜水器的性能，其密度越小，载人潜水器的体积就越小，重量就越轻，整体性能就越好，相配套的水面支持系统、整体布局就越简便。

钛合金球壳加工

2002年11月5—20日，中国大洋协会组织刘峰、徐秉汉、徐芑南、崔维成、张艾群、贾培发、吴崇健7人组成的“7000米载人潜水器”技术代表团赴俄罗斯考察，深入了解俄方载人潜水器的设计和建造技术，确定了主要合作伙伴和模式，同克雷洛夫造船研究院签订了合作纪要，就合作研制压球壳及其他承压构件达成合作意向，扫清了技术障碍。

浮力材料怎么办？项目组翻阅了大量资料，调研走访了一些单位，最终与美国一家公司达成订购浮力材料的合作意向。

与俄罗斯相关机构签约。

围绕浮力材料密度和价格的谈判进行得十分艰苦。美国公司拒绝提供最好的密度为0.47克/立方厘米的浮力材料，只同意提供密度为0.525克/立方厘米的浮力材料。

合同签好之后，美方专门成立了一个由外交部门、商务部门、国防部门等部门组成的审查委员会，对合同进行审查。审查结果认定，该公司提供给中国的浮力材料超标。审查委员会要求将浮力材料的密度降低一个等级，变成0.565克/立方厘米。这就使单位体积的浮力材料提供的有效浮力大幅下降。

又一轮谈判开始了。美国公司虽然降低了材料的质量，但坚持不降价格。这样一来，项目组先前设计的潜水器整体布局、水面支持系统等一系列设备都需要重新设计和计算，成本由此增加。此外，我方还要再订购一部分浮力材料来弥补密度变化造成的浮力差。即便如此，再次签订的合同还要经过审查。

签订浮力材料引进合同。

从开始调研到最终谈判成功，整个过程相当复杂和漫长，持续了大半年时间。

浮力材料被分成两批运往英国，在那里按照中方提供的图纸进行加工。第一批成型的材料于2004年顺利运回中国，第二批却在英国机场被海关扣留，理由是怀疑该材料不符合出口标准。得知此事，刘峰紧急飞赴伦敦，找到中国驻英国大使馆的科技参赞请求帮助。经过多方协调、疏通，在提供各种合同证明之后，这批材料才获准“通行”。

702所的设计人员都只是看过外国研制的载人潜水器照片，没有见过真正的载人潜水器。至于潜水器究竟有多少部件以及某个部件什么样、重量多少、体积多少，他们没有任何详细资料。避碰声呐、多普勒、灯光、摄像机、机械手如何选型，成了令研制人员头痛的技术难题。他们只能从零开始进行设计，自己研究，自己琢磨。

“蛟龙”号本体总设计师徐芑南和第一副总设计师崔维成带着10多个刚入职的同事及从工厂抽调出的几个技术骨干，又返聘了几名内退的职工，组成了设计团队。23岁的小伙子叶聪就是其中一员。

设计团队成员叶聪

为了设计好载人潜水器，参加工作仅一年的叶聪在2002年做得最多的工作就是开会和画图。他和同事们仔细研究外国潜水器的图片，按照基本原理先画好图纸、设计三维效果图，再找来一些木头块，凭着想象把重要的部件组合起来，计算各个设备、部件的重量、大小，根据三维效果图做成1∶1的实物模型，用不锈钢质结构代替钛合金框架和载人球舱，用木块代替设备，用塑料管代替液压管路，并将它们连接布置好。之后，总体组对模型的外观、在水中的性能、动力模型、线型等进行评估、调整。经过无数次的修改，凭着中国人特有的智慧，总师组攻下技术关，并设计出外形类似鲨鱼的载人潜水器。

"7000 米载人潜水器"专项领导小组成立大会暨第一次工作会议

2005 年 7 月 12 日，由中国设计、俄罗斯波罗的海造船厂加工的 7000 米载人潜水器载人球壳在俄罗斯克雷洛夫造船研究院完成打压验收。试验结果证明载人球壳符合中方设计要求。9 月 9 日，在中方技术人员的现场检验和监督下，由俄罗斯加工的钛合金耐压球壳和框架结构件完成了装箱验收。

2005 年 11 月，委托国外加工的钛合金构件以及引进的浮力材料、水密电缆、照相机、海水泵、云台等绝大部分部件运抵上海海关。

2006 年 9 月，无锡，中船重工 702 所总装车间，载人潜水器上所有部件都已到位待命。为了保证所有部件有效使用、严丝合缝，密闭得滴水不漏，总师组首先做了一个同等大小的模型，演练了许多遍之后再实体安装。

系统总装联调

车间里，横七竖八的钢管支撑着巨大的架子，架子中间是载人球舱。技术工人顾秋亮和工友们像包饺子一样，先把球壳装包在里面，然后按

照图纸再放“骨架、心脏、动力、轻外壳”…… 一点一点包裹起来。南京有色金属公司的员工也在一旁待命，如果哪些部件需要切割，他们会现场切好，交给工作人员安装。300 多个螺丝、几十块轻外壳、各种线路 …… 分毫不能差。顾秋亮和同事们用电钻对准小孔，一个一个往上铆，一块一块往上装。

2007 年，7000 米载人潜水器生理、心理状态监测系统，声学系统，生命支持系统，浮潜与应急抛载分系统，电力与配电分系统，观通、推进、结构和舾装系统依次通过检验确认，均具备了总装联调的技术条件。在多个部门的合作下，许多科学家魂牵梦绕了许久的载人潜水器终于组装完成。

2007 年 5 月 28—29 日，7000 米载人潜水器总体组在上海组织召开了海上试验准备工作第一次会议。会议研究了海上试验基本方案、水面支持系统综合试航方案、母船改装进展、海上试验组织指挥体系以及海上试验选址和潜航员培训等事宜。时任国家海洋局副局长、重大专项领导小组组长王飞出席会议并作了讲话，要求海上试验精心组织、科学安排、严把质量、确保安全。

2007 年 11 月 27 日，“7000 米载人潜水器命名和水中试验”启动仪式在江苏无锡举行。这一天，我国第一艘体现集成创新成果、拥有自主知识产权的 7000 米载人潜水器被命名为“和谐”号。为了更加体现特色，2010 年，“和谐”号更名为“蛟龙”号。

载人潜水器水池试验全面展开。104 个日夜，53 次水池试验，参试人员加班加点、精益求精，使“蛟龙”号具备了海上试验的技术条件。

“7000 米载人潜水器命名和水中试验”启动仪式

海试之路

2009年6月24日，原国家海洋局在北京举行“载人潜水器1000米海上试验领导小组成立暨海上试验启动仪式”，标志着中国“蛟龙”号载人潜水器海上试验正式启动。

原国家海洋局非常重视海试组织领导体系建设，作出了以下决定：一是成立海试领导小组和技术咨询专家组。时任国家海洋局党组成员、副局长，中国大洋协会理事长王飞任海试领导小组组长，时任中国大洋协会办公室主任金建才、中船重工集团总工程师方书甲为副组长，中科院高技术研究与发展局，交通部海事局，原国家海洋局办公室、科技司、北海分局、南海分局、中国海监总队、中国大洋协会办公室等8个单位有关领导为成员，时任北海分局副局长刘心成和时任中国大洋协会办公室副主任、“蛟龙”号载人潜水器研制项目总体组组长刘峰为领导小组成员。海试领导小组是海试最高决策机构，负责对载人潜水器海试工作统一领导、组织和协调，审查批准海上试验计划及重大节点的变更，检查指导海试技术、安全、应急预案的准备，研究、决定和部署重大应急事件的应对，把握宣传导向，审查批准宣传方案，提出表彰建议等。成立海试技术咨询专家组，由贾培发、吕文正、杨胜雄、任平、张贵海、徐文等同志组成，对重大技术问题提供决策咨询。二是成立现场指挥部。刘峰任海试现场总指挥，中船重工702所潜水器本体总师徐芑南、时任701所副所长吴崇建、“向阳红09”船船长窦永林为副总指挥，中船重工702所、中国科学院沈阳自动化研究所、声学研究所等有关人员为成员。三是

载人潜水器1000米海上试验领导小组成立及海试启动会

明确了各参试单位任务。海上试验是一项复杂的工程,其中一个原因是人员来自多个单位,分在不同岗位,需要凝聚力和向心力。海试团队成立临时党委,由时任国家海洋局北海分局副局长刘心成担任临时党委书记,由刘峰担任副书记,成员包括崔维成、吴崇建和窦永林。四是确定了“精心组织,安全第一,层层把关,责任到人”的海试原则。五是明确了主要时间节点。当天下午中国大洋协会办公室组织召开的海试协调会议明确了“向阳红 09”试验母船于 2009 年 7 月 27 日从青岛起航赴江阴。

2009 年 7 月 27 日,江阴苏南国际集装箱码头彩旗飘扬,四只巨大的气球迎风摆动,主席台和红地毯把会场装扮得十分庄重。主席台背景布上以大海和蓝天为衬底,“1000 米载人潜水器海试起航仪式”大幅字样光彩夺目。“向阳红 09”船上“牢记祖国和人民重托坚决完成海试任务”“衷心感谢领导和同志们的关心支持”的横幅表达了海试队员的决心。参试人员统一着海试服装在救生甲板分区列队,现场指挥部和临时党委成员、船员代表、潜航员等 15 人在码头主席台正面列队。

刘峰、刘心成、徐芑南、吴崇建、崔维成、张艾群、李志强(国家海洋环境预报中心预报员)、陆会胜、窦永林、杨联春、刘军(“向阳红 09”船轮机长)、叶聪(潜水器主操驾驶员)、傅文韬、唐嘉陵等 15 名参试人员庄严宣誓:“我们宣誓,我们一定服从命令,精心操作,同舟共济,不辱使命,战胜一切困难,确保海试成功!请祖国放心!请人民放心!”这铿锵誓言传向会场四周,传向远方。每个人都深知向祖国作出承诺的庄严与神圣,这誓言将在海试全过程鞭策参试人员战胜一切困难,夺取海试胜利。

1000 米海试起航仪式宣誓

立项 7 年，50 多家科研机构智慧和汗水熔铸的我国首台载人潜水器就这样没有经验、无章可循、不做宣传地拉开了海上试验的帷幕。1000 米级海试分了 3 个阶段：50 米级、300 米级和 1000 米级。

8 月 14 日，海试团队抵达 50 米试验海区。为了保障海上试验绝对安全，国家海洋局南海分局、原中国海监总队分别派出“中国海监 72”“中国海监 74”“中国海监 76”“中国海监 77”以及“南海渔政 46012”“南海渔政 46013”等船承担警戒任务，引导、拦阻和驱离可能产生干扰的船只。

8 月 15 日，中国南海，“和谐”号（后改名为“蛟龙”号）载人潜水器进行 50 米深度的第一潜。

“进舱完毕。”

“各就各位！”

苍茫的大海上，“向阳红 09”船上 96 名参试人员有条不紊地为下潜做着准备工作。

“报告总指挥，海况和气象满足条件！”

“警戒编队就位！”

“甲板人员准备完毕！”

“潜水器人员准备完毕！”

“水面支持系统准备完毕！”

“布放潜水器！”当现场总指挥刘峰下达中国深潜第一次下潜命令后，橡皮艇下水，轨道车就位，挂吊缆，拆限位销，布放潜水器…… 一气呵成。

此时，潜水器已经漂浮在海面。担任主驾驶的唐嘉陵和技术人员张东升开始做前期的水面检查工作，确认无误才能潜入海下。结果，他们真的发现了问题：承担母船与潜水器无线电通信的甚高频系统中一片嘈杂声，什么也听不清。

唐嘉陵和张东升急得冒出了汗，却束手无策，赶忙报告给负责水声通信的中科院声学所研究员朱敏。朱敏同样心急火燎。

水面与水下通信建立不起来，潜水器就不能下潜，否则，一旦潜水器发生意外情况，母船无法获悉、施救。潜水器只能收回到母船上。

出师未捷的情况让海试现场指挥部的每一位成员心情都很低落。如果水声通信的问题不解决，只能打道回府。

晚上，刘峰、刘心成、窦永林、刘军等几人连夜商量解决问题的方法。指挥部初步判定，水声通信无法建立是由母船的噪音和浅水海洋背景噪音干扰造成的，想解决这个

问题就必须测定母船噪音干扰的程度。

8 月 17 日，海试队再次赶赴试验区，以不同速度进行多次测试，测试结果验证了前面的判断。现场指挥部研究决定，下潜期间，“向阳红 09 船”关掉一台主机，低速旋转，减小噪音。同时，声学部门更换影响通信的电缆，采用发莫尔斯码的方法，将潜水器与母船联系起来。

“莫尔斯码就是潜水器进入海里之后，会发给母船‘嘀 — 嘀 — 嘀’三声响，证明是安全的。每过 10 分钟，再次发送一遍，持续与母船保持联系。”刘峰说：“一旦潜水器与母船失去联系超过 15 分钟，就须无条件抛载上浮。”

海试的第一大难题水声通信无法建立的问题就此解决。此后的 1000 米级海试，经过改进的水声通信系统可以通过语音、文字和图片与母船联系。

下潜任务再次开启。“和谐”号又一次被放到海面上。出乎所有人意料，“和谐”号在海面漂泊着却怎么也不往下潜。

“报告总指挥，潜水器不知道什么原因，无法下潜。”载人舱里的唐嘉陵立即汇报。

刘峰、刘心成马上与徐芑南等一些专家分析查找原因。

原来，是工作人员因为过于紧张，在为潜水器配置下潜压载铁时没有使配重达到相应的重量，致使浮力大于重力，所以潜水器无法下潜。下潜试验再次流产。

2009 年 8 月 18 日，“和谐”号南海海试区域晴空万里，微微刮着东南风。潜水器本体设计师叶聪任主驾驶，唐嘉陵任左试航员，尝试再次下潜。

50 米海试阶段

这一次,徐芑南率领总师组经过细致核算,将潜水器配重增加至 140 千克。

10 时 48 分,试航员进舱,潜水器入海,注水 10 分钟后开始下潜。

叶聪看着显示器,操作推力器,在 28.5 米深处停下,调节各项试验,见设备一切良好,进而下潜到距海面 38 米处。稍作停留,“和谐”号抛去压载铁上浮。当潜水器红色脊背露出蓝色海面时,在“向阳红 09”船甲板等候的队员们发出一阵欢呼。

千呼万唤始出来,这欢呼是成功后的兴奋,也是为新中国深潜事业的喝彩。虽然下潜深度只有 38 米,但实现了中华人民共和国载人深潜零的突破。迈开第一步,就会迈好第二步、第三步,潜得更深、更安全,走得更远、更稳健。

2009 年正值新中国成立 60 周年。国庆节前夕,正在三亚锚地抛锚抗击 16 号台风“凯萨娜”的“向阳红 09”船上的试航员和其他参试队员在后甲板潜水器维护平台上手持国旗,悬挂出印有“载人深潜海试全体队员向祖国问好!”的横幅。

身在中国南海的载人深潜海试全体队员向祖国问好。

10 月 3 日,当全国人民沉浸在欢度国庆的欢乐气氛中时,南海海面上依然战斗如昔。这一天,载人潜水器现场指挥部计划实现年度目标,冲刺载人深潜 1000 米深度。

早上 7 时,现场指挥部在“向阳红 09”船后甲板举行了简短的出征仪式。3 位试航员雄壮地站成一排,蓝色深潜服上印着的五星红旗图案在阳光照耀下格外耀眼。

刘峰挥手发出命令:“载人潜水器 1000 米试验开始,试航员进舱。”

令下三军动。试航员健步登上潜水器平台,队员各就各位做下潜准备。远方烟波

浩渺处，“中国海监72”“中国海监76”“中国海监77”船围护在“向阳红09”船5海里远处，呈半圆形分布。

下潜十分顺利，一连串的数字被报出的声音犹如战鼓在擂响。它们通过水声通信系统不断传来：“和谐”报告，下潜深度200米，下潜深度500米，下潜深度900米……

9时17分，主驾驶叶聪浑厚的声音再次响起：“报告指挥部，我们到达1109米深度，试航员身体状态良好，潜水器一切正常。”

“成功了！”听到叶聪的声音，围拢在控制室的队员率先发出了惊喜的呼喊。随之，身处船上现场指挥部、住舱、甲板、驾驶台、实验室、厨房的队员们都沸腾起来。欢呼声、喝彩声响彻于苍茫大海之上。

满头银发的徐芑南走进现场指挥部，所有人起立鼓掌。刘峰、刘心成等情不自禁迎上去，与他紧紧拥抱在一起。

11时20分，“和谐”号从海底凯旋，试航员依次出舱，展开一面五星红旗。大家激动地高喊：“祖国万岁！”

叶聪向总指挥报告：“我们按计划完成预定任务，安全顺利回来了。”

“祝贺你们，感谢你们。我宣布，我国载人潜水器于2009年10月3日上午9时17分，在中国南海成功下潜到1109米！”刘峰的声音激动得有些颤抖。

对1109这个数字，海试队有人这样解析：中国第一台载人潜水器，第一次执行海试任务，在“向阳红09”船上，时间是2009年。

海试队员解决困难的精神受到了科技界的尊敬。徐冠华曾赞叹说：“我在你们团队身上又看到了当年‘两弹一星’的精神。”

1000米级海试的成功验证了设备功能，完善了作业规程，找到了问题和差距，锻炼了试验队伍，积累了试验经验，超额完成了阶段任务，特别是通过探索形成了基于“向阳红09”船的声学通信保障模式，达到了预期的阶段性目标，在中国海洋高技术发展中是一个具有历史意义的里程碑和转折点，对提高中国海洋科技竞争力意义重大，使中国继美国、法国、俄罗斯和日本之后成为世界上第五个具备1000米级载人深潜能力的国家，是中国迈向深海的一大步。

南海插上五星红旗

载人潜水器1000米级海试结束后，中科院声学所马上改进了水声通信系统。在后

面3年的海试中，“蛟龙”号（“和谐”号于2010年更名为“蛟龙”号）的水声通信系统添加了“双保险”措施，由水声通信机和6971水声电话两套系统构成：水声通信机有高速的数字通信能力，又有模拟的语音和莫尔斯码通信能力，可以将水下拍摄到的图片实时传输到母船；6971水声电话主要用于模拟语音通话联系，是水声通信机备用通信手段。

2010年5月31日，“蛟龙”号海试队再次奔赴南海，开展3000米级海上试验。

2010年6月22日上午，“蛟龙”号潜水器在第27次下潜试验中成功突破3000米深度，下潜深度达到3039.40米，创造了中国载人深潜下潜深度的新纪录。

“蛟龙”号布放在海底的“龙宫”

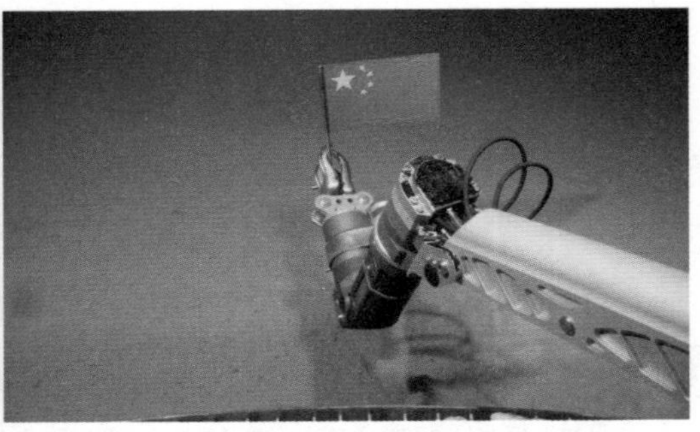

“蛟龙”号在我国南海海底插上五星红旗。

2010年7月12日19时20分成为一个令参试人员永远无法忘怀的时刻：在中国南海深处进行的载人潜水器第36潜次试验计划圆满完成。这是继7月9日创造下潜深度3757.31米纪录之后，又一个3757.31米的潜水深度纪录诞生。这不是简单的数字重复，因为“蛟龙”号首次在这个深度插上了鲜艳的五星红旗，首次在这里布放了“龙宫Ⅲ号”载人深潜标志物，首次用机械手在海底提取了521毫升保压海水。

2010年7月13日，现场指挥部和临时党委决定追求完美，不留遗憾，抓住“康森”台风到来之前有限的时间，组织3000米试验海区第37次也是3000米级海试最后一次下潜，进行潜航员培训并进一步检验接地检测值的稳定性。此次海试由潜航员唐嘉陵、傅文韬等执潜。

17时许，潜航员傅文韬报告：今天最深到达3759.39米，在3757米深处采集到两只活海参。19时16分，潜水器出水。当天潜水试验时长为9小时03分，下潜深度和水下工作时间再创纪录。

指挥部会议一致认为，第37次下潜圆满成功。至此，“蛟龙”号载人潜水器3000米级海上试验任务提前、圆满、超额完成。

7月18日上午，3000米级海试现场验收专家组在“向阳红09”船召开会议，逐项审查3000米级海试项目验收结论。

验收专家组认为：“蛟龙”号载人潜水器在3000米级深度已达到或接近设计目标，能够确保安全，符合使用要求，所具有的功能和性能满足进行更大深度试验的技术要求。同时，海试为在训潜航员的培训和实习提供了充分的条件和机会，加速了中国第一代潜航员的诞生，这一贡献同样具有十分重大的意义。

3000米级海试，“蛟龙”号抓取深海海参样品。

“蛟龙”号载人潜水器3000米级海试结束后，技术咨询专家组提出了“蛟龙”号液压源、采样篮抛弃机构、应急浮标、底部支架和作业工具等5项技术的完善意见，有关单位逐一攻关解决。经过专家评审，“蛟龙”号具备了开展5000米级海试的条件。但是，中国南海没有达到5000米水深的海域。根据中国大洋协会与国际海底管理局签订的关于东北太平洋7.5万平方千米多金属结核优先勘探区协议，中国政府承诺每年投入资金用于该勘探区的科学考察。因此，海试领导小组综合考虑以上因素，决定让“蛟龙”号载人潜水器到该勘探区进行5000米级海试，结合进行多金属结核和生物多样性调查，边试验边应用，通过应用来进一步发现问题、解决问题。

太平洋下潜突破5000米

2011年7月1日上午9时，原国家海洋局、中国大洋协会在江阴港苏南国际码头举行“蛟龙号载人潜水器5000米级海试（中国大洋第25航次）启航仪式”。15名海试队员面向五星红旗宣誓：“忠于祖国，牢记使命；服从指挥，精心操作；团结协作，确保安全；请祖国放心，请人民放心，坚决完成海试任务！”

北京时间2011年7月21日凌晨5时26分（当地时间20日11时26分），96名海试队员用自己的忠诚、智慧和力量创造了中华民族历史上一项新的纪录：试航员驾驶

“蛟龙”号载人潜水器 5000 米级海试(中国大洋第 25 航次)启航仪式

“蛟龙”号载人潜水器在浩瀚的东北太平洋下潜至 4027 米深度,把一年前由该海试团队自己创造的 3759 米的纪录增加了 268 米,在中国载人深潜史册上又写下了浓墨重彩的一页。

当地时间 7 月 25 日 12 时 09 分(北京时间 26 日 6 时 09 分),在东北太平洋海域,“向阳红 09”船和 96 名海试队员又一次创造了中国载人深潜新纪录:“蛟龙”号下潜深度达到 5038 米, 8 分钟后又到达 5057 米深度并坐底, 打破了 7 月 20 日团队自己创造的 4027 米纪录。

继 7 月 25 日在备选海区成功下潜到 5057 米深度之后,“向阳红 09”船乘胜前进,马上转移海区,于 7 月 26 日下午到达第二试验海区。

5188 米压力试验结果

“蛟龙”号拍到的海鳃

7 月 28 日,“蛟龙”号在第二试验海区进行 5000 米级海试第三次下潜,“海洋六号”船担任警戒。试航员为唐嘉陵、张东升等。试验内容包括:“蛟龙”号推进、供电、压载与姿态调节、液压、作业、控制、水面支持等技术检查,重点检查前两次故障解决的效

果；测深侧扫声呐作业试验；视情取水样、沉积物和布放标志物。8 时 53 分，“蛟龙”号入水。11 时 48 分，潜水器在 5143.8 米处坐底，然后移动位置，于 15 时 07 分潜至 5188.42 米。18 时 07 分，“蛟龙”号返回母船，在水中时间共计 9 小时 14 分钟。

此次海试任务的圆满成功标志着“蛟龙”号载人潜水器具备在世界 70% 以上的广阔海域进行下潜作业的能力，是中国海洋科技发展史上一座新的里程碑，为实现中国攀登科技高峰、探索深海奥秘的宏伟夙愿迈出了坚实步伐，对于合理开发利用海洋资源、保护海洋生态环境、维护中国海洋权益、提高中国的科技综合实力和核心竞争力具有重大战略意义。

第三章 “蛟龙”十八般武艺

“蛟龙”号外形像张开嘴的大白鲨，长 8.2 米、宽 3.0 米、高 3.4 米、重 22 吨，可以搭载 3 名乘客。

如果把“蛟龙”号比作一辆性能先进的海底赛车，潜航员就相当于驾驶赛车的车手，保障团队则相当于车队技师。在大海上，保障团队要轮番检测潜水器的照明灯、摄像机、推进器及声学系统等 35 项设备。

借助“蛟龙”号“体检”的机会，我们可以先睹为快，对这台拥有“十八般武艺”的载人潜水器有个直观的了解。

“蛟龙”号的舞台在水下，它能下潜到7000米深海。要想顺利下潜，必须像乘客一样先“坐”船抵达下潜海域。装载潜水器的船就是试验母船——“向阳红09”船。直到2018年12月，新造的支持母船“深海一号”下水，“向阳红09”船才光荣地完成使命。“蛟龙”号这名特殊乘客在出海时“露宿”在船艉甲板上，身边搭设着复杂的脚手架，仿若身处“钢筋襁褓”中的“龙宝宝”。

“蛟龙”号和试验母船“向阳红09”（赵建东 摄）

“蛟龙”号外形像张开嘴的大白鲨，长8.2米、宽3.0米、高3.4米、重22吨，可以搭载3名乘客。

整装待发的“蛟龙”号

为了让“蛟龙”号在“户外”保持健康，顺利投入后面的下潜作业，技术人员会定期对它进行“体检”。如果把“蛟龙”号比作一辆性能先进的海底赛车，潜航员就相当于驾驶赛车的车手，保障团队则相当于车队技师。在大海上，保障团队会轮番检测潜水器的照明灯、摄像机、推进器及声学系统等35项设备。对于下潜作业来说，这是一项常规“体检”。借助“蛟龙”号“体检”的机会，我们可以“先睹为快”，直观了解这位数次鏖战海底、功勋卓著的“英雄”。

“体检”时，保障团队的技术人员和潜航员们各司其职，有的爬上“龙背”打开载人球舱的舱盖钻到“龙”肚子里面；有的从“龙身”上扯出血管一样错综复杂的电缆，检查维护；有的站在“龙头”前擦干净“龙眼”，活动一下“龙爪”…… 船舶航渡期间，工作人员每 6 天会为“蛟龙”号“体检”一次，每隔 3 天检查 1 次“蛟龙”外观，确保潜水器各项设备状态保持正常。“外科”方面，要确保“蛟龙”号的外观没有损坏。

“蛟龙”号在“体检”。

“龙甲”护体保安全

“蛟龙”号的外形是依据船舶流体力学原理，通过模型在水池中进行模拟试验后，

再将试验结果进行优化分析而设计出来的。科研人员在深潜器外形设计上需要考虑的3个主要因素是快速性、稳定性和操纵灵活性，在阻力小、直航性能稳定、操作灵活三者之间寻找平衡，实现最优组合。

“蛟龙”入水瞬间（赵建东 摄）

“蛟龙”号的“龙甲”是钛合金球壳，壁厚达70多毫米，能抗超高压。在海洋中，水深每增加10米，压力就会增加约1个大气压。当“蛟龙”号下潜到水下7000米时，潜水器本体每1平方米面积上承受的重量相当于压上了7000吨的物体，这样巨大的压力对“蛟龙”号的耐压能力有着很高的要求。“蛟龙”号的耐压设备在深海环境模拟器（即压力筒）中通过了78兆帕（相当于7800米海水深度）的组合压力考核，确保了它在

7000 米深海中的安全性。

“龙鳞”助推浮力升

“蛟龙”号还有“龙鳞”—— 包裹着钛合金载人球舱的浮力材料，也是“蛟龙”号最外面的壳。浮力材料的密度越小，载人潜水器的体积就越小，质量就越小，整体性能就越优越，相配套的水面支持系统、整体布局就越简便。“蛟龙”号浮力材料的密度为 0.565 克 / 立方厘米，密度调节剂为空心玻璃微珠。空心玻璃微珠在浮力材料中的体积含量高达 60%~70%，直接影响着浮力材料的最终性能。近年来，空心玻璃微珠在深海探测、航空航天等方面具有重要的应用前景。为了保证浮力材料能够耐受深海高压，高性能空心玻璃微珠需要被填充到高强度环氧树脂基体中制备。

图片右侧可见拆卸下来的白色浮力材料

“龙尾”稳健掌平衡

“蛟龙”号的“龙尾”是 X 形稳定翼，装有 4 个呈十字形分布的推进器，具有较高的垂直和水平稳定性，提高了“蛟龙”号的整体机动性，保证它在深海中能够像小轿车一样平稳行驶。“蛟龙”号在水下的最快巡航速度可达 2.5 节（约 4.5 千米 / 小时）。

“蛟龙”号在水下航行方面实现的一大突破就是能够像直升机一样定点悬停。一旦

在海底发现目标，“蛟龙”号不需要像大部分国外潜水器那样坐底作业，而是由潜航员驾驶到相应位置漂浮于“半空”，与目标保持固定距离，伸展机械手取样或测量。

在海底洋流等导致“蛟龙”号摇摆不定或机械手运动带动整个潜水器晃动等情况下，潜航员依然能够控制潜水器精确作业，完成“大海捞针”般的操作。在已公开的消息中，尚未有国外深潜器具备类似功能。

“蛟龙”号尾部 X 形稳定翼和推进器（徐小龙 摄）

“龙眼”探海有金睛

“龙眼”—— 观察窗，是“蛟龙”号上的重要部位。“蛟龙”号共有 3 个观察窗，中间的主观察窗直径为 20 厘米，两侧的观察窗直径为 12 厘米。为了对抗深海的压力，观察窗非常厚实，呈圆锥形，外直径大，内直径小。海底作业时，观察窗上的任何一丝划痕都会带来安全隐患，成为深潜器“不能承受之重”，甚至可能引发严重的渗漏事故，威胁舱内乘员的生命安全。因此，每次下潜回来，潜航员都会充当“眼科医生”，先用淡水仔细冲洗“龙眼”，防止其受海水腐蚀，再用纸巾轻轻擦拭，检查有无“头发丝粗细”的伤痕，最后用一个锅盖一样的金属“眼罩”将“龙眼”保护起来。戴上“眼罩”的“蛟龙”号仿佛进入了“睡眠”状态。

潜航员擦拭潜水器观察窗。

“蛟龙”号观察窗上的“眼罩”

“龙爪”海底显神通

“龙眼”下方就是“蛟龙”号的“龙爪”—— 机械手。“蛟龙”号有左右两个机械手，

它们各有多个关节，可以伸缩。“左手”是开关式机械手，手臂前端的“龙爪”呈挖斗状，适合在海底挖取或抓握体积较大的样品，也可以用来临时锚定。“右手”是主从式机械手，又被称为“绣花手”。这只“右手”真正具有“手”的形状，前端的四根“手指”两两相对，握紧时四指交错，用于夹持取样器上的T形把手，实现精确测量（如测量海底热液温度）和取样。这只“绣花手”也可以捕获生物、抓取地质样品等，是“蛟龙”号在水下作业的主手。

“蛟龙”号机械手右手

在应用“蛟龙”号以前，我国没有任何深海装备可以追踪海底生物并完整取样，更不要说精准地测量热液温度、获取“高保真”的热液样品了。“蛟龙”号能够实现精确取样，关键在于其有一双灵活的机械手。正是由于机械手在海底“大有可为”，使用较为频繁，因此它们偶尔会发生故障。

在某个潜次中，“蛟龙”号刚刚潜入3000米深的西北印度洋卧蚕1号热液区，右臂——主从式机械手就“罢工”了。潜航员只好驾驶着“蛟龙”号沿预定路线近底观测。两个半小时后，经现场指挥部同意，“蛟龙”号带着新发现7处活动热液口的战果与无法采样的遗憾回到水面。一场“换臂手术”随即开始。

每次出海，保障团队都会带着备用机械手。然而，即使在陆地上，机械手整体更换也是“大活”，至少需要3天时间。海上科考时间有限，刻不容缓，保障人员开始连夜更换“龙手”。

维修组兵分两路，一路调试新机械手，另一路拆卸故障机械手。潜航员担当“主刀

医生”，手握不同型号的螺丝扳手不停地操作着。机械臂末端拖着 5 米多长的油管和线管，是控制手臂运动的“血管”和“神经”。维修队先用 3 股绳索将故障机械手绑定，如同把“坏肢”固定在手术台上。潜水器右舷前侧的方形钢架与机械手相接，相当于手臂上的“肩关节”。摘除“坏肢”的关键便是将连接处的螺丝全部拆掉。“主刀医生”钻到脚手架间执行“摘除手术”，在钢架处的有限空间内“穿针引线”，用扳手一扣一扣拧松螺丝。

半小时后，故障机械手被顺利“摘除”。接下来是难度更大的“移植手术”。此时，脚手架上的工作人员用绳索牵引着“新肢”，前边的人抱住机械手，后边的人拖起数米长的“血管神经丛”，3 位“主刀医生”将前边拆卸的过程反演一遍，把新机械手的大臂与“蛟龙”号的“肩关节”连接起来。

“换臂手术”

一颗颗螺丝拧回原位，“血管”与“神经”顺利地从“肩关节”中穿出，延伸至潜水器内部。

“油管为机械手提供动力，线管负责传递控制信号。”经常指导维修工作的潜航员唐嘉陵说。这 22 根管路一旦互相纠缠或错位，在压力巨大的深海就会影响机械手的操作。“移植手术”完成后，抢修人员要花费大量时间和精力捋顺线路，确保万无一失。直到当天夜里零点，紧张精密的“换臂手术”才告一段落。

维修队又连续两天测试新机械手性能。换了“新手”的“蛟龙”号在接下来的潜次中顺利到达卧蚕 1 号热液区，不负众望地发挥机械手的神力，取得热液保压流体样品 3 管共 450 毫升、热液硫化物 6 块约 15 千克、热液羽流样品 2 管共 16 升、两种螺类生物 20 余只、海葵 1 只、硫化物附生管栖蠕虫若干只。

从海底取得的样品是怎样被带回海面的呢？原来，“龙爪”下方还有一个采样篮，也是“蛟龙”号的工具箱，里面既可以放从海底采集的样品，又装着“蛟龙”号在海底施展本领的“十八般兵器”—— 取样器。

“蛟龙”号配备了沉积物取样器、海水取样器、生物取样器、热液取样器等，这些取样器就放置在采样篮的插筒中。在海底需要取样时，潜航员操作机械手如同“拔剑出鞘”，将取样器拔出插筒，使用完毕后再插回插筒。这对潜航员熟练和精确地操作机械手提出了很高的要求。

每次下潜前，科学家们都会聚集在采样篮前，安装下潜标识，配备取样器，如同往“菜篮子”里挑选“菜品”。“蛟龙”号作为一个综合性的科学平台，可以为科研人员下潜到海底接触第一手调查目标提供机会。在海底，潜航员用机械手臂直接抓取采集矿石。力大无比的“龙爪”可以一把抓碎岩石，并将其放置到采样篮中。同时，科学家们还可以自带“个性化”工具，“蛟龙”号将为其提供重量额度、信号源、动力源和液压源。这些工具通过电缆与“蛟龙”号内部的操作系统连接。

采样篮里的取样器

“龙心”供能“龙头”耀

“蛟龙”号“额头”的位置安装有 8 个水下灯源和 10 台 LED 灯，灯光照射距离为 7~9 米。在“龙头”前方还装有 2 台高清摄像机和 1 台照相机，灯光与摄像设备构成了一个完整的影像系统，可以将潜航员与科学家看到的海底世界如实记录下来，分享给全世界的人观看。

“蛟龙”号头部的灯源及拍摄设备

“蛟龙”号的蓄电池就像人体心脏供应肢体血液，为潜水器的各个部位供应着动力能量。下潜时，非常重要的一件事就是听诊“蛟龙”号的“心脏”—— 检查蓄电池电量。“蛟龙”号使用的充油银锌蓄电池是我国自主研发的大容量蓄电池，电量超过 110 千瓦时，能为“蛟龙”号提供几十个小时的动力，充分保证其水下作业时间。这也是目前国际潜水器中容量较大的电池之一。“蛟龙”号主蓄电池组有效寿命为自加注电解液起 12 个月。当主蓄电池组已累计充放电 36 周次后，技术人员便会为“蛟龙”号实施“换心手术”，更换主蓄电池组。

“蛟龙”号主蓄电池组（徐小龙 摄）

“龙鳔”助龙入深海

鱼在水里上浮下潜靠的是“鱼鳔”，而“蛟龙”的“龙鳔”是压载铁。压载铁形同红色砖块，平日整齐地堆放在试验母船的后甲板，看上去像健身房里的配重砝码。“蛟龙”号配备的压载铁分为两种：一种为整体铸造的，重 123 千克；另一种为砝码形式，通过调整砝码数量来增减重量。在“蛟龙”号下潜的前一天，潜航员根据所在海域及计划下潜深度精确地计算出所需压载铁的重量。不同海域、不同深度的海水密度不尽相同，潜水器在水中受到的浮力也会随之改变，所需配备的压载铁的重量也会随之改变。“蛟龙”号团队建立了一套周密的数学模型，根据在不同海域测得的海水温度、盐度和深度等参数来计算下潜时需要的压载铁重量。

“蛟龙”号下潜时，压载铁挂在潜器下腹部两侧的凹槽内。当下潜至预定深处时，潜航员会适时抛掉一定重量的压载铁，让潜水器的重力等于或小于浮力，从而保持悬停或者上浮。那些完成使命的压载铁则默默沉入深海，在深邃的海底“见证”中国载人深潜的奇迹。

工作人员安装压载铁（右侧红色方形物体）。（赵建东 摄）

“龙脑”精密能控制

控制系统如同“大脑”，指挥着“蛟龙”号的每一个动作。“蛟龙”号的控制系统由中国科学院沈阳自动化研究所负责研制，主要包括航行控制系统、综合显控系统和水面监控系统。为了更好地验证控制系统的功能及训练潜航员，并对下潜试验取得的数据进行分析，科研人员又研制了半物理仿真平台和数据分析平台两大辅助系统。

载人潜水器航行控制系统主要完成潜水器传感器信息采集、导航定位、执行机构控制、信息传递等功能。航行控制计算机控制潜水器执行各种动作，采集潜水器的传感器信息，包括导航信息、液压系统信息、生命支持系统信息、能源信息等，并对各耐压罐、接线箱的泄漏和补偿液位进行检测。航行控制系统一方面将各种信息发送给综合显控系统进行显示和保存，另一方面将潜水器生命支持等关键信息发送给声学系统。该信息通过数字通信传输到水面监控系统。

“蛟龙”号的“神经系统”是连接仪器设备的各条电缆。如果电缆接头出现故障，有可能造成潜水器接地值异常（正常值不超过 0.1 毫安）—— 接地值的升高意味着潜水

器电气设备存在渗水短路的可能。

潜航员检查“蛟龙”号的电缆。

有人说，鸟类大脑中有磁性神经元，可以帮助它们感知地球磁场，在长途迁徙中实现准确定位。“蛟龙”号的“磁性神经元”便是综合显控系统。这套系统相当于导航仪，能够分析母船传来的信息，显示“蛟龙”号和母船的位置以及潜水器各系统的运行状态，实现母船与“蛟龙”号之间的互动。

综合显控系统可为操作员提供全程操作指导与数据监视功能。信息显控功能主要实现了潜水器位置坐标、母船位置坐标、目标点位置坐标的显示及生命支持系统显示、传感器信息系统显示、液压系统信息显示、推进器信息显示等功能。综合显控系统提供完整的数据记录与分析功能，对系统中 500 多项数据进行全程完整记录，并由专业平台完成数据分析。

母船上也有一台“导航仪”，就是水面监控系统，可显示母船信息与“蛟龙”号信息的集合，帮助指挥员正确判断母船和“蛟龙”号的位置，从而进行相应调整，保证“蛟龙”号安全回家。这一平台还可查看历次下潜的时间、地点以及潜航员的操作流程。

此外，“蛟龙”号还有一个半物理仿真平台，其主要用途是验证“蛟龙”控制系统设计的准确性。科研人员通过输入相关参数模拟水下环境和测试控制系统运行状况，不仅可以节约人力、物力，降低风险，缩短研制周期，提高系统可靠性和安全性，还能为潜航员训练提供“虚拟水下环境”。

半物理仿真平台

“龙耳”静听深海声

说完了“龙脑”，我们再讲讲“龙耳”—— 水声通信机。电磁波在海水中传播速度快，但衰减也快。声波便成为深海通信的佳选。“蛟龙”号潜入深海数千米，为与母船保持联系就要采用水声通信。这一技术需要解决多项难题。比如：声音在水中的传播速度只有每秒1500米左右，如果是7000米深度的话，喊一句话往来需要近10秒，声音延迟很长；声学传输的带宽也非常有限，传输速率很低。此外，声音在不均匀物体中的传播效果不理想，而海水密度不同、温度不同，海底回波条件也不同，加上母船和深潜器上的噪音，使得在复杂环境中有效提取通信信号难上加难。

通过水声通信机传回的图像

然而，“蛟龙”号做到了想听就听。

“蛟龙”号的水声通信机有4种功能：一是相干水声通信，又称“高速水声通信”，传输速率约为每秒数千比特，用于传输图像；二是非相干水声通信，传输速率约为每秒数百比特，属于中速通信，传输文字、指令和数据；三是扩频通信，属于远程低速通信，传输速率约

为每秒数十比特，用于传输指令；四是水声语音通信，采用模拟信号传输语音。“蛟龙”号水声通信机具有丰富的功能和良好的综合性能，在国际载人深潜器中处于领先地位。

除水声通信机外，“蛟龙”号的声学系统还包括高分辨率测深侧扫声呐、避碰声呐、成像声呐、声学多普勒测速仪和定位应答器等。

高分辨率测深侧扫声呐用来测量海底微地形地貌，避碰声呐用来测量各方位障碍物的距离，成像声呐用来探测前方的目标，声学多普勒测速仪用来测量潜水器的三维运动速度和下方的海流速度剖面，定位应答器用来确定潜水器的水下位置。通过良好的声学系统集成设计，多个声学系统实现了协同工作。对于潜航员来说，避碰声呐是人眼的延伸，相当于汽车的倒车雷达，可以有效防止“撞车”。驾驶潜水器是一个实践性很强的工作，要想掌控运动趋势和安全距离，就需要培养一定的“车感”。每隔三五分钟，潜航员就要将注意力从眼前的观察窗挪开，留意避碰声呐上的实时数据，以更好地避开障碍物。

“龙肚”虽小容大事

让我们再钻进“蛟龙”号的“肚子”—— 载人耐压舱，看一看它的“五脏六腑”。

载人舱入口位于潜水器顶部，红色的“龙背”前端，是一个直径近半米的圆井通道。

工作人员用淡水清洗舱口。

进入“龙肚”时，工作人员先拿一个由硬纸板做成的垫圈套在舱口，再将一架直梯伸入“井”中。下潜人员将鞋留在脚手架平台，穿着袜子进入舱内。乘员进舱后，“龙背”上的工作人员便将直梯移走，撤去垫圈，再用喷罐和纸巾反复擦拭舱口，防止异物沾到壁上。如果舱口盖因为异物而与舱口壁闭合不严，哪怕只留有一丝缝隙或划痕，在压力巨大的深海也可能会引发严重事故。

开舱盖

从外面看，“蛟龙”号是个体形圆滚滚的“萌物”，然而藏在它“肚子”里的载人球舱却空间局促，底部直径只有 2.1 米，标准载员 3 人。舱内共有 3 个座位，但是没有座椅，只配备了 3 个柔软的方形坐垫，以便乘员坐靠。通常，潜航员（主驾驶员）坐中间，其右边是科学家，左边是工程技术人员或潜航员学员。主驾驶员面前是主操作仪表盘，上面密布着一排排按钮和指示灯。仪表盘上方是主显示屏，显示着舱内氧气浓度、压力、温度和电池电量等信息。仪表盘下面是直径 20 厘米的主观察窗，供主驾驶员查看“海底路况”。观察窗前装有潜水器的主控杆、水声电话终端、主机械手和副机械手的控制杆等。主控杆有 20 多厘米长，外形类似直升机的操纵杆，用来控制螺旋桨，掌握“蛟龙”号前后左右的运动；主控杆一侧是辅助杆，控制“蛟龙”号的下潜、上浮、前后倾等水下姿态。主观察窗两侧各有一个直径 12 厘米的观察窗，两边的乘员就从这两扇小一点的窗口观察海底情况。操作台下方还有一副游戏手柄模样的操控装置，用来控制摄像机

云台。科学家可以一边按动手柄的方向键，一边观看右侧观察窗上方显示屏中的实时画面，按下快门键便可拍摄水下物体，获得高清图片。

主观察窗、仪表盘和控制杆

科学家操纵手柄。

载人舱后部是一套生命支持系统，由数排钢瓶组成，里面装有压缩氧气，氧气量可供 3 人呼吸 72 个小时。此外，舱内还设有吸收罐，用于及时处理乘员呼出的二氧化碳。下潜时，“蛟龙”号载人舱里保持大气常压水平，氧气浓度维持在 17%~23%，二氧化碳浓度低于 0.5%。下潜开始后，载人舱内的一套自动控氧装置会根据实际情况增加或者减少氧气供应量。舱内基本是恒温恒压的，因此潜航员不需要穿特种服装，也不会有失重的感觉。下潜人员即使身处万米深海，也与身处平地没有什么感觉上的不同。

“蛟龙”号内的氧气瓶

虽然“蛟龙”号的载人舱与其他国家的作业型载人深潜器相比已经算是“宽敞”的了，但潜航员在执行任务时常因趴在舷窗前过于投入地作业取样，而忘记半蹲屈缩状态的膝盖、腿脚已经好几个小时没有伸展。

对于下潜人员来说，深海中的载人舱是个名副其

实的“冷宫”。原来，深海海底的温度通常仅有0℃~3℃，载人舱内壁温度则保持在1℃左右，摸上去就像冰块，且舱内湿度可达45%，舱壁上时常还会滴落冷凝水。下潜人员蜷缩在载人舱内，体感温度比实际温度还低。因此，经验丰富的潜航员每次下潜前都会备好应急食品和毛毯、毛衣、棉裤等御寒衣物。暖宝宝和羊毛袜常常成为最受欢迎的“小伙伴”。潜航员一般在深海下潜过程中会加穿“御寒服”，并在腰、肩膀和腿部贴上暖宝宝，以抵抗阵阵寒意。应急食品是热量越高、能量越大越好，这是由海底工作特点决定的。潜航员和科学家在海底工作时间长、强度大，携带的“零食”必须具有快速提供能量的功能。

载人舱内景（徐小龙 摄）

“龙臂”一伸力无穷

再来讲讲“龙臂”。“龙臂”不是“蛟龙”号的机械手，而是母船船艉大型吊车的吊臂，俗称“A型架”。每当“蛟龙”号准备下潜时，船艉吊车就会“轻舒长臂”，通过钢缆把“蛟龙”号提起来，再放到海面上。这种大型吊车属于水面支持系统，由三部分组成，分为A型架、轨道车、声学电缆绞车。这三部分均由专门的操作手负责。指挥员掌控整体节奏，协调各岗位配合。轨道车首先将“蛟龙”号推出，运送至A型架下方，此时主吊缆下放，与“龙背”上的4个凸起连接，起吊“蛟龙”号；随后，A型架向外延伸至海面，护送“蛟龙”号入水，声学电缆绞车启动，完成声学吊阵布放。整个过程涉及十几个岗位，能做到潜

水器起吊落架衔接有序、动作平稳，绝非一日之功。

船舰的吊臂

下潜人员还要在舱内对“蛟龙”号进行一次全面检查，确保电力、水声通信正常。一切无误后，潜航员会向指挥部发出注水下潜的请求。注水后，重达 22 吨的“蛟龙”号便如同“自由落体”一般，以每分钟 30~40 米的下潜速度向幽暗的海底播撒科学之光。

“蛟龙”号海上作业布放全景

千锤百炼“龙骑士”

“龙骑士”自然指的就是潜航员。漆黑的海底充满无数的可能性和无法预知的危险，对潜航员的心理素质要求很高，因此对潜航员的思想和心理培训尤为重要。

2006 年 6 月，国家海洋局下发《关于成立潜航员管理办公室的通知》，在北海分局成立潜航员管理办公室。8 月 14 日，中国大洋协会办公室在青岛组织召开 7000 米载人潜水器潜航员选拔培训专家组成立大会暨第一次工作会议，宣布由黄端生、刘景昌、石中瑗、张艾群、杨景华、苏军、胡震、余建勋组成专家组，确定了潜航员的选拔标准、选拔实施方案等有关文件。8 月 16 日，中国大洋协会办公室发布了 7000 米载人潜水器潜航员选拔公告。

2006 年 9 月，就读于哈尔滨工程大学的大四学生唐嘉陵、正在杭州复习准备考研的傅文韬与一批和他们年纪差不多的应聘者来到青岛，参加潜航员的选拔。他们被集中在同一个宾馆，连续 5 天不出门，每天早中晚都要接受测试。

唐嘉陵（左）和傅文韬（右）（赵建东 摄）

测试被设计成很多种形式，包括笔试、心理素质测试、身体素质测试等。其中一个测试是要求被测人员用一根细针分别插入金属做的 9 个小孔，小孔深度 5~6 厘米，细针一旦碰到孔的边缘就会响起报警声，表明测试失败。孔径从大到小排列，最大的孔径

大约是细针直径的两倍，最小的只比细针直径稍大一点。在唐嘉陵接受测试时，招聘人员会不时地跟他说话，分散他的注意力。第一次测试，唐嘉陵做到第六个就失败了。招聘人员告诉他，前面的测试者成绩都比他好，他还有一次机会。于是，唐嘉陵第二次测试做到了第七个。傅文韬最好的成绩是做到第六个。

2007 年 2 月 5 日，从几百名应聘者中脱颖而出的唐嘉陵和傅文韬开始接受潜航员培训。从 2007 年 3 月到 2008 年 8 月，唐嘉陵和傅文韬在陆上接受了理论知识、体能素质、心理素质等方面的培训，并参加了潜水器总装联调和水池试验的全过程，目的是熟练掌握潜水器操作和各个系统的组成、工作原理、设计特点等，以对一般故障作出诊断和处理，并进行简单的设备更换。“蛟龙”号的 7000 米级海试见证了他们成为第一批合格的潜航员的过程。

潜航员陆上培训结业留念

2013 年，我国开始选拔第二批潜航员，共有 200 多人报名参加选拔，其中 130 人入围。选拔标准共有 6 大方面 119 项，身体素质、心理素质、职业能力与特质的考核均十分严苛。在选拔测试的 12 个现场项目中，最具挑战性的要数晕船测试、幽闭测试和氧敏感测试。

在晕船测试中，选手们乘船前往风浪较大的海域，船舶会突然加速、大角度转弯，导致船身不停地晃动。有人因此头晕目眩，有人蹲在地上求稳，还有的人飞奔出舱外一阵呕吐，大约一半的人因晕船被淘汰掉。晕船测试源于“蛟龙”号在海上布放和回收环

节中会产生较强烈的摇晃，因此潜航员必须具有抗晕能力，时刻保持清醒，否则难以准确应对突发情况。

幽闭测试考验选手们的心理素质。选手们要在一间面积约 2 平方米的漆黑小屋里静坐 1 个小时。这项测试模拟的是“蛟龙”号下潜时的状态。水面以下 300 米的海洋会变得非常黑暗。潜水器下潜的数个小时内，为了节约能源，舱内不开灯，舱外漆黑一团。2000 米深处可能存在体形较大的海洋生物，其中一些鱼类对光线特别敏感——国外曾记录到鱼类攻击潜水器光源的事。因此，下潜过程中，黑暗又狭窄的载人舱形成了一个幽闭空间，心理承受能力差的人可能会乱动，也可能表现出不安情绪，还可能因为恐惧而呼吸急促。具有幽闭恐惧症的人无法胜任潜航员的工作。

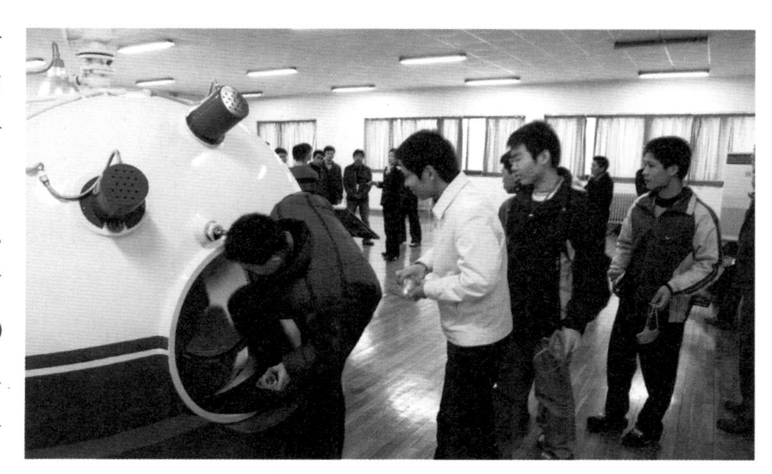

潜航员选拔

另外，在深海，载人舱内部如同一个高压氧舱。氧敏感测试就是让选手们在高压氧舱内吸纯氧 30 分钟，观察是否有人抽搐、眩晕。醉氧者也不能成为潜航员。

第二批深海载人潜水器潜航员选拔，是我国首次面向全国公开选拔潜航员学员。6 名学员中，包括 2 名女学员。

第二批载人潜水器潜航员

刘峰说，第二批潜航员选拔对我国载人深潜事业的发展具有重要意义，为我国建设形成一支专业结构科学、学历层次合理、年龄与性别比例适当的载人潜水器潜航员队伍打下了坚实基础。

深海载人潜水器的特点是空间小、仪器设备多，比如“蛟龙”号内径只有 2.1 米。由于空间有限，卫生设施没有地面那么完善，当女科学家下潜深海时，由女潜航员当主驾驶会更加方便。

此外，选拔女潜航员也是希望载人深潜事业中能有女性的身影。目前，国际上有许多女性符合深潜所需的条件，并正在从事载人深潜工作。某种程度上，女性比男性更细心、更有耐力。

在潜航员学员训练方面，针对男女不同的特点会设置不同课程，但理论、技术等方面的标准是一致的。

2013 年 12 月 10 日，国家深海基地管理中心公布的第二批共 6 名深海载人潜水器潜航员学员与公众见面。他们分别是：刘晓辉、齐海滨、杨一帆、张奕、陈云赛、赵晟娅。

2017 年，第二批 6 名载人潜水器潜航员学员顺利完成大洋 38 航次的相关下潜任务，通过了初级潜航员考核，标志着我国潜航员队伍初具规模，为“蛟龙探海”等国家重大海洋工程实施提供了有力的人才保障。

2015 年，女潜航员学员张奕在西南印度洋下潜归来。

第四章　在马里亚纳海沟破纪录

风吹雨打肆意行，太平洋心六出征。
驾龙直下万米海，追虹横上千里空。
海底喜讯惊天宇，太空佳音报龙宫。
十年磨砺青云志，震动乾坤数英雄。

马里亚纳海沟，是“蛟龙”号遨游深海最具代表性的海域。在这里，“蛟龙”号于2012年突破了7000米深度。

中国深潜突破7000米，表明中国用10年走了发达国家50年走过的路，实现了我国深海技术发展的新突破和重大跨越，使我国具备了在全球99.8%的海洋深处开展科学研究、资源勘探的能力。

“蛟龙”号至今经历了立项研发、海上试验、试验性应用3个阶段。从研制车间到深邃的海底，“蛟龙”号需要经过水池试验、陆地转运、船舶运输、海上布放、下潜巡航等多个步骤。

位于青岛的自然资源部国家深海基地管理中心是管理“蛟龙”号的业务单位，内有一间4000多平方米的试验水池大厂房。厂房空中横跨着一座50吨桥式起重机，可以吊起“蛟龙”号放入旁边深10米、直径40米的圆形水池中开展水池试验；也可以将其吊装到运输车上，再送到海边，由吊车放到试验母船的“座位”上。

执行海上下潜任务时，母船载着“蛟龙”号驶往目标海域，船尾装备着水面支持系统，负责布放和回收“蛟龙”号。

马里亚纳海沟，是“蛟龙”号遨游深海、探查海底次数较多的海域。在这里，“蛟龙”号于2012年突破了7000米下潜深度，创造了当时中国载人深潜7062米的深度纪录。

“蛟龙”号7000米级海试启航仪式

风雨中出征

2012年6月24日清晨，在昏黄的灯光和微凉的风雨中，3名试航员微笑着挥手，依次进入“蛟龙”号载人潜水器舱内，拉开冲刺深海7000米的下潜征程帷幕。“蛟龙”号开始进行7000米级海上试验的第4次下潜。

当地时间 4 时 25 分，试航员叶聪、杨波和刘开周身着蓝色潜航服，来到“向阳红 09”船后甲板。等候在那里的除了屡次鏖战海底的功臣 —— “蛟龙”号载人潜水器，还有海试现场总指挥刘峰、临时党委书记刘心成和几十名海试队员。

4 时 30 分，中国载人潜水器 7000 米级海试试航员出征仪式在后甲板举行。海试指挥部全体成员与 3 名试航员面对面站立。

“试航员同志们，你们马上就要执行一次全国人民关注的任务。我希望你们沉着、冷静，精心操作，预祝你们胜利返航。我宣布：试航员，出发！”刘峰的话铿锵坚定。

“是！”随着试航员叶聪一声响亮的回答，3 人挥了挥手，冒着风雨，转身走向“蛟龙”号。

“蛟龙”号 7000 米级海试试航员出征仪式

试航员刘开周、叶聪、杨波（从左到右）

叶聪第一个登上高约 8 米的铁架，微笑着与队友们再次挥手，进入载人舱。他首先打开生命支持系统，检查一切正常后，又回头看了看装着 15 千克食物和水的背包。这是保证 3 名下潜人员在水下饮食的生命之源。

叶聪进入载人舱。

杨波和刘开周也微笑着与队友们暂别，陆续进入载人舱。

“试航员进舱完毕，舱内设备正常。”叶聪通过对讲机汇报情况，同时在舱里通过观察窗做出“完成”的手势。刘开周也做出“胜利”的手势。

“试航员进舱完毕。”

“各就各位！”5 时整，刘峰下达命令。苍茫的大海上，簌簌的冷雨中，船上的海试人员有条不紊地为下潜做着准备。

试航员刘开周做出“胜利”的手势。

“报告总指挥，甲板人员准备完毕！”

“潜水器人员准备完毕！”

“水面支持系统人员准备完毕！”

“布放潜水器！”

5 时 19 分，随着现场总指挥一声令下，工作人员开始挂吊缆、拆限位销、吊起潜水器、布放入水、摘吊缆……

雨越下越大，浑身湿透的海试队员坚守在岗位上，等待着指挥部的指令。

“水面检查完毕，一切正常，请求下潜！”叶聪发出了下潜请求。

“同意下潜！”试验准备部门长、“蛟龙”号副总设计师胡震的声音洪亮而有力。

接到命令后，试航员打开注水阀，向潜水器注水。600 秒，1.5 吨海水注入水箱。

5 时 29 分，潜水器开始下潜。

“蛟龙”号布放入水。

试航员肩负着中华民族探索海洋奥秘、和平开发利用海洋的使命，驾驶着“蛟龙”号，像壮士一样，又一次静静地潜入深蓝。

冲刺7000米

没有风，没有雨，也没有浪，“蛟龙”号像深海中的一条鱼，排开海水沿着直线进入另一个世界。

虽然每分钟能下潜 41 米，但是试航员坐在载人舱里除了能看到屏幕上显示的深度

数字在变化，丝毫感觉不到在运动。每隔 64 秒，“蛟龙”号就会通过已经建立的水声通信系统自动向海试现场指挥部报一次平安。

指挥部则一边关注着潜水器深度、位置等信息的变化，一边通过水声通信系统了解“蛟龙”号和试航员在海里的情况。

时间一分一秒地过去，在“蛟龙”号超过 6770 米深度后，叶聪发出抛掉第一组压载的指令，“蛟龙”号速度放缓，开始以每分钟 6 米的速度下潜。现场指挥部把目光聚集到水面显控系统上。

“超过 6974 米了。”刘峰脱口而出。媒体记者立刻集中到现场指挥部前方，打开摄像机，端起照相机，做好拍摄“蛟龙”号突破 7000 米、创造历史瞬间的准备。

“报告指挥部，北京时间 8 时 55 分，‘蛟龙’号下潜深度超过 7000 米，到达 7015 米。舱内设备和人员状态良好。”叶聪的话音未落，现场指挥部里掌声雷动，经久不息。

“蛟龙”号突破 7000 米，现场指挥部掌声雷动。

刘峰眼圈发红，激动不已，似乎沉浸在喜悦之中，又似乎对眼前的一切不敢相信。他缓了缓神，站起来，伸出双手与刘心成紧紧相握，嘴里不住地说着：“这是一支英雄的队伍。”

9 时 07 分，“蛟龙”号成功坐底，下潜到最大深度 7020 米。

神秘的海洋、梦幻的世界，令试航员兴奋不已。透过圆圆的观察窗，他们看到了海底大大小小的黑色块状物，还有漂亮的海参、蠕动的水螅。奇妙的马里亚纳海沟，相隔仅 2000 多米的海底，一边荒芜，一边生机盎然，让人感到无限神秘。

海底作业场景

同一天，中国载人深潜和载人航天都在创造着历史。就在“蛟龙”号成功下潜坐底到7020米后，叶聪与刘开周、杨波通过水声通信系统表达了对“神九”航天员的祝愿：“报告指挥部，‘蛟龙’号成功下潜到马里亚纳海沟7020米深处，我们3名试航员祝愿景海鹏、刘旺、刘洋3位航天员与‘天宫一号’对接顺利！祝愿我国载人航天、载人深潜事业取得辉煌成就。”

中国人的飞天梦与探海梦史诗般地交会在2012年6月24日。表达完祝愿，3名试航员便开始了一系列的海底作业，采集海水样品、拍照、摄像……

彩虹迎英雄

11时53分，“蛟龙”号完成水下作业任务，抛载上浮。3名试航员取出携带的巧克力、牛肉干和水充饥解渴。

15时57分，“蛟龙”号被吊离水面，回到“向阳红09”船。此时，早晨的风雨交加早已过去，取而代之的是横在天空的一道绚丽的彩虹。

试航员出舱，走下铁架。叶聪张开臂膀，任凭海水浇灌，似乎达到喜悦的顶点。

迎接他们的是鲜花、香槟酒和欢迎仪式。海试队员们聚集到后甲板上为英雄们接风洗尘。

队员们聚集到甲板，迎接英雄凯旋。

“你们是好样的！”刘峰代表指挥部致意。

“回到甲板，我十分兴奋和激动，也为今天的成功感到骄傲。”

“今天能参加突破 7000 米的海试，我感到很荣幸。”

“听到来自北京的慰问，非常感动，我有信心完成后续海试任务。”

17 时，在与原国家海洋局视频连线时，3 名试航员分别表达了成功的心情。

17 时 41 分，试航员对航天员的祝愿得到太空的回应：“在我们胜利完成手控交会对接任务的时候，喜闻‘蛟龙’号创造了我国载人深潜的纪录。在此，我们向叶聪、刘开周、杨波同志致以崇高的敬意，祝愿中国载人深潜事业取得新的更大成就，祝愿我们的祖国繁荣昌盛！”

“蛟龙”号突破 7000 米的消息迅速传遍神州大地，人们在奔走相告的同时，也默默支持着前方的海试队员。

时任中共中央政治局常委、国务院副总理李克强闻讯发来贺信，全文如下：

“蛟龙”号载人潜水器各参研单位，全体参试人员：

欣悉“蛟龙”号载人潜水器7000米级海试任务取得圆满成功，胜利归来，谨代表党中央、国务院向参加“蛟龙”号研制人员、海试队员和海试保障人员表示热烈的祝贺和亲切的慰问！

庆祝中国载人深潜突破 7000 米现场

> “蛟龙”号载人潜水器研制和海试成功，实现了我国深海装备和深海技术的重大进步，是我国建设创新型国家的新成就，对于促进海洋科技发展，提升认识海洋、保护海洋、开发海洋的能力，推动我国从海洋大国向海洋强国迈进，将产生重大而深远的影响。
>
> 人类对海洋的探索永无止境，希望你们继续大力弘扬科学求实、团结协作、顽强拼搏的优良传统，不断攀登我国载人深潜事业的新高峰，为建设创新型海洋强国作出新的更大贡献！

时任国务委员刘延东也对“蛟龙”号成功突破 7000 米深度表示祝贺：

> “蛟龙”号载人潜水器海试现场指挥部，并各参研单位，全体参试队员：
>
> 欣闻“蛟龙”号载人潜水器海试成功突破 7000 米水深，谨致热烈祝贺和亲切慰问。你们的业绩和精神是对我国科技界的巨大鼓舞，为科技界增光，使国人倍感骄傲，感谢你们作出的巨大贡献。希望你们再接再厉，团结协作，克服困难，全面完成 7000 米级海试各项任务，为探索深海科学奥秘作出更大贡献，期盼你们凯旋。

许多单位或个人纷纷发来贺信、贺电，表示慰问和祝贺。

海试队员受到巨大鼓舞，在接下来的两次深潜中再创佳绩，最深下潜到 7062 米，每次下潜都按照预定的试验内容实现了目标。

前面,一片湛蓝;后面,数层碧波;左边,涛声滚滚;右边,浪花阵阵。他们,战斗在海中央。

天空,风雨彩虹;海底,鱼虾游乐;深度,屡突屡破;成果,愈积愈多。英雄,创造了新历史。

“蛟龙”号突破 7000 米凯旋时彩虹横空。

总书记会见载人深潜英雄集体

“蛟龙”号 7000 米级海上试验的巨大成功表明中国用 10 年走了发达国家 50 年走过的路,产生了六大深远影响。

一是实现了中国载人深潜技术重大跨越。“蛟龙”号在创造了 7062 米的中国载人深潜纪录的同时,创造了世界同类作业型潜水器的最大下潜深度纪录,海底作业技术和能力得到验证,实现了我国深海技术发展的新突破和重大跨越,是我国深海技术发展的重要里程碑,标志着我国载人深潜技术进入了国际领先行列。

二是探索了国家战略性高技术装备发展新模式、新道路。在中国缺席世界载人深

潜半个多世纪的情况下，在党中央、国务院的领导下，我国科研人员在中国载人下潜纪录仅有几百米的基础上，自主设计、集成创新、集智攻关，用10年时间完成了“蛟龙”号的研发和海试，探索出一条边试验、边改进、边应用的国家战略性高技术装备跨越式发展的创新道路，实践了民用大型科技项目政府部门间相互协调的联合攻关新模式。这种模式和道路使创新效益大幅提高，创新人才不断涌现，创新成果持续突破。

三是造就了一支技术精湛、作风过硬的载人深潜队伍。年轻的中国载人深潜队伍在“严谨求实、团结协作、拼搏奉献、勇攀高峰”精神的激励下，在数年的海试中表现出中国载人深潜队伍挑战深海极端环境的卓越能力。他们技术精湛、作风过硬，代表了国家深海技术装备研发的整体实力，是我国深海事业发展的中坚力量。

四是形成了一整套严谨可行的规范、规程和制度。经过多年摸索，我国实现了载人潜水器本体与水面支持系统之间的娴熟配合，完善了载人潜水器布放回收的操作规程和操作口令，优化并熟练掌握了特定条件下母船与潜水器各系统的协同操纵模式，制订和完善了一整套应急处置预案，形成了较为成熟的“蛟龙”号下潜操作规程，建立了一系列下潜规则和规范，为“蛟龙”号交付应用奠定了基础。

五是具备了跻身国际前沿科学研究的技术手段。“蛟龙”号在马里亚纳海沟7000米深度海底发现的生物多样性和地质多样性等科学现象是当时世界上人类使用载人潜水装置到达深海现场进行环境调查采样作业的最佳范例。“蛟龙”号在深海观测采样方面具有的定位精确、信息丰富、低扰动等优势是使用传统海洋观测方法难以实现的，为我国科学家研究和揭示深海奥秘、跻身国际深海科学研究前沿提供了必要的技术手段，为我国在全球大洋开展深海资源勘查提供了强有力的技术支撑。

六是提升了中国载人深潜在国内外的认知度。新闻媒体通过多种形式的报道在马里亚纳海沟海试现场与全国乃至全世界读者和观众间架起了一座桥梁，将载人深潜与载人航天联系到一起，更是对毛泽东同志“可上九天揽月，可下五洋捉鳖”理想的完美诠释。

中国载人深潜事业所取得的辉煌成就以及试验队员展现出的拼搏奉献精神和严谨求实作风在国内外引起强烈反响。

韩国《朝鲜日报》指出，“蛟龙”号在第四次试验中成功突破7000米深度，意味着将可以勘探全球99.8%海域的海底矿产资源，充分展示了中国作为科技强国的坚实力量。

韩国海洋研究院博士李版默说：“具备海底勘探功能的载人科学潜水器下潜至海底7000米深度尚属世界首次。这意味着中国的海洋勘探技术已经与世界先进水平比肩。”

美国媒体把“蛟龙”号海试称为“中国在一场关系重大的科技竞赛中达到的最新的

一个里程碑”,中国将在一场勘探世界大洋最深处可能相当丰富的矿产资源竞赛中超越美国。

德国网站称，这次下潜试验可能创造一个新纪录，将为中国政府远景规划的海底资源开采奠定基础

新加坡媒体报道称,上天下海同一天创纪录,中国对外展现科技实力。中国在航天技术和海洋技术上取得巨大成功，实现了在宇宙和海洋的大国崛起，拓展了人类的活动空间。中国对世界的重要性和做出的贡献日益增多，今后可以在探索外部世界上发挥重大作用,为全人类造福。

2012 年 7 月 16 日,“蛟龙”号 7000 米级海试团队凯旋青岛。相关领导及参试单位代表,青岛各界群众等共 1600 余人到码头迎接。

2013 年 5 月 17 日上午，中共中央总书记、国家主席、中央军委主席习近平会见载人深潜先进单位和先进工作者代表,代表党中央、国务院,向胜利完成“蛟龙”号载人深潜海试任务的广大科技工作者、干部职工表示热烈祝贺和诚挚问候，勉励大家团结拼搏、开拓奋进,推动我国海洋事业不断取得新突破,为建设海洋强国作出更大成绩。

当天上午 10 时许，习近平等中央领导同志来到代表中间，全场响起热烈的掌声。习近平与代表们亲切握手，并同傅文韬等被党中央、国务院授予载人深潜英雄集体、载人深潜英雄荣誉称号的同志热情交谈,关切地询问他们的工作和身体情况。随后,习近平等高兴地同大家合影留念。

会见后,人力资源和社会保障部、国家海洋局联合召开了中国载人深潜表彰大会。

叶聪、傅文韬、唐嘉陵、崔维成、杨波、刘开周、张东升获得党中央、国务院授予的“载人深潜英雄”称号,“蛟龙”号载人潜水器 7000 米级海试团队获得党中央、国务院授予的“载人深潜英雄集体”称号。同时，中国船舶重工集团公司第 701 研究所潜艇研究部等 22 个单位获得人力资源和社会保障部、国家海洋局授予的“蛟龙”号载人潜水器 7000 米级海试先进集体称号，刘峰等 19 人获得人力资源和社会保障部、国家海洋局授予的“蛟龙”号载人潜水器 7000 米级海试先进个人称号。

十年砥砺磨一剑，一举成名天下知。“在有限的生命里真正能为国家的海洋事业、为社会和民族做点有用的事情，是我作为一名海洋科技工作者的本分。”面对荣誉，“载人深潜英雄”、“蛟龙”号载人潜水器本体第一副总设计师崔维成如是说。

第五章 “蛟龙”海底大发现

长久以来，人类对海洋深处的秘密知之甚少。随着20世纪以来深海装备和海洋科技的发展，“蛟龙”号横空出世，让中国科学家第一次在深海实现了“海底两万里”的梦想，使得中国进入世界“深潜俱乐部”。让我们乘坐“蛟龙”号去往它曾经下潜的七大海区，去饱览海底世界的无限风光。

2017年6月13日，3名潜航人员乘坐“蛟龙”号离开“向阳红09”科学考察船，缓缓进入水中，向着太平洋雅浦海沟深渊出发，开始了试验性应用航次的“收官之潜”。

从海上试验到试验性应用的10余年间，“蛟龙”号南征北战，奔赴南海、印度洋、太平洋，潜入海山区、冷泉区、热液区、洋中脊，探索多金属结核勘探区、多金属硫化物勘探区、多金属硫化物调查区、富钴结壳勘探区，完成了152个潜次，实现了100%安全下潜，作业能力覆盖7000米以浅占全球海洋面积99.8%的海域。

在试验性应用阶段，“蛟龙”号先后在我国南海、东太平洋多金属结核勘探区、西太平洋海山结壳勘探区、西南印度洋脊多金属硫化物勘探区、西北印度洋脊多金属硫化物调查区、西太平洋雅浦海沟区、西太平洋马里亚纳海沟区等七大海区开展了152次成功下潜，搭载450余人次下潜，参航人员达1000人次以上，总计历时517天，总航程达8.6万余海里，获得了约4950GB高精度定位调查数据和约3860件高质量的珍贵地质与生物样品。

蛟龙探海。

长久以来，人类对海洋深处的秘密知之甚少。随着20世纪以来深海装备和海洋科技的发展，“蛟龙”号横空出世，让中国科学家第一次实现了在深海“海底两万里”的梦

想,使得中国进入世界“深潜俱乐部”。

下面我们就随着“蛟龙”号前往它曾经下潜的七大海区,去欣赏海底世界的无限风光。

南海海山区

与大洋洋底相似,南海海底也并非一马平川。那里既有连绵起伏的海岭、陡峭深邃的峡谷、地势平缓的平原和盆地,又有巍峨高耸的海山及由多个互不相连的海山、海丘按一定方向排列而成的海山链。我国已经公布的255个南海海底地名中包含102个海山、90个海丘及5个由海山、海丘呈线状排列而成的海山链。

在广袤的南海海山区3000～4000米深处,有一个小型死火山被命名为“蛟龙海山”。该火山是了解我国南海基底地质的一个“窗口”。科学家曾乘坐“蛟龙”号采取该地区火山岩石等海底地质样品,观测、研究海底火山地形和生物群落情况。

科学家对南海的形成时间、形成方式和物质来源至今仍存在疑问,而海山与形成南海的基底有密切关系。科学家通过研究测定“蛟龙”号采集到的海山岩石样品的年龄、成分及其时空变化,就可以了解海山形成的方式,划分出火山活动的期次,从而了解南海的形成机理及演化。

“蛟龙”号机械手采集海底岩石。

2013年7月5日,“蛟龙”号潜水器在南海“蛟龙海山区”下潜。此次下潜中,“蛟龙”号最大下潜深度为3616米。“蛟龙”号在古火山口内部巡航,拍摄到火山熔岩、铁锰结核分布区和大量的深海生物。由于蛟龙海山海底地形复杂,火山岩石坚硬,在此前的一次下潜过程中,"蛟龙"号没有取得海底火山岩石和生物样品,因此其此次下潜的主要任务就是捡石头、抓生物。"蛟龙"号不负众望,除采集到6粒铁锰结核(2粒大块、4粒小块)外,还捕获了3只不同种类的海参、1只苔藓生物、1只海百合、1只深海海绵和8只共生虾,进一步证明火山区存在海洋生物。

2017年4月,"蛟龙"号再探南海海山。这一次的目标是南海中部珍贝海山调查区。该海山位于黄岩岛以西海域,是珍贝-黄岩海山链上的一座高4000米左右的典型海山,山顶离海面只有二三百米。珍贝-黄岩海山链上的海山包括黄岩岛以东海底的黄岩东海山、贝壳海山及黄岩岛以西的紫贝海山、黄岩西海山和珍贝海山等。

"蛟龙"号在珍贝海山的主要任务可以称之为"爬山"。"蛟龙"号会先下潜到一定深度,然后沿着山坡向上缓慢爬升,在"攀登"中运用机械手采集岩石样品,并观察海底生态环境状况。南海海中山脊、海山岩石和深海生物从"蛟龙"的"龙眼"——观察窗前逐个掠过;"龙爪"——机械手在1100米深处采到多块新鲜的玄武岩,在630米深处抓取多处板状及块状半固结有孔虫砂;科学家在420米深度至海山顶部目睹了美不胜收的珊瑚礁、海百合、海葵、海胆、海星及成群的鲨鱼。

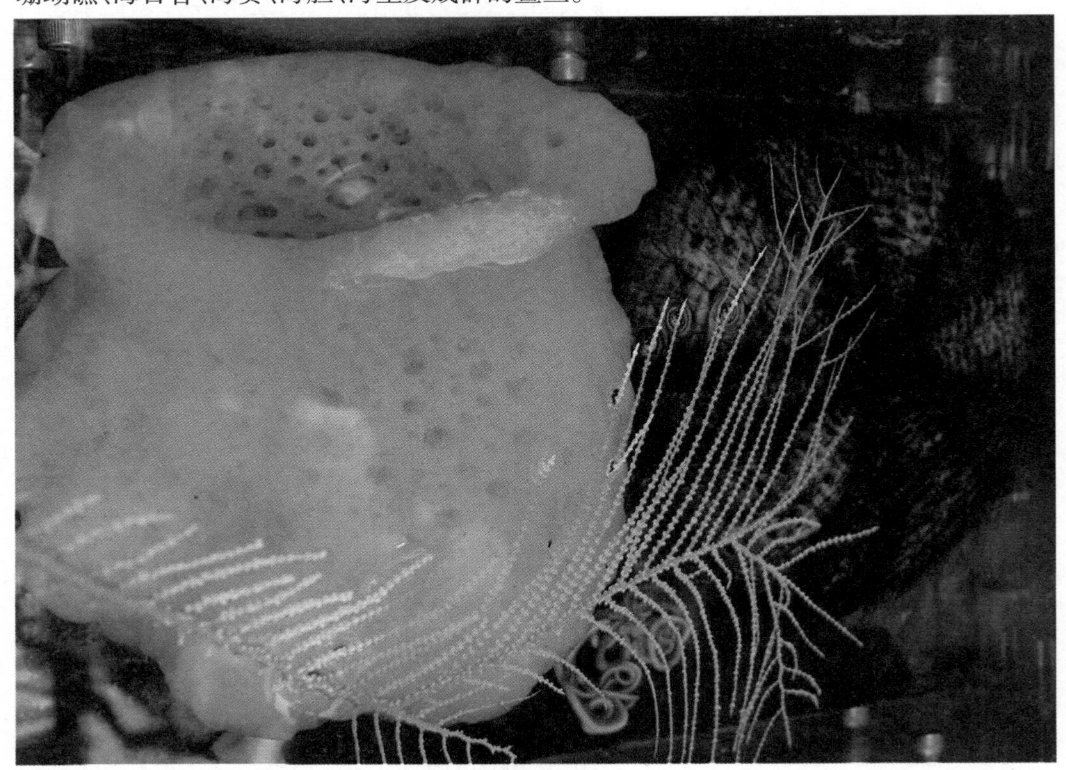

在珍贝海山采集到的生物样品

目前，我国对南海深海的生物研究程度不深，缺乏对南海深海区域的不同生物环境尤其是海山区的生物系统的研究。“蛟龙”号在珍贝海山区采集到的珊瑚等生物样品对促进我国深水生物多样性、生态系统、生物地理学的研究具有重要意义，将有助于推进我国海洋生物分类学研究的发展。

海洋地质学家通过研究“蛟龙”号取得的样品发现：珍贝海山顶部的岩石特征揭示出这座海山曾经达到近海平面的高度，并发生了爆发性的火山活动，随后由于火山口塌陷和重力均衡作用发生沉降，降到了目前的深度。珍贝海山从山脚到山顶表现为玄武岩—粗面玄武质安山岩的碱性岩石序列，结合精确取样位置和高精度年代学研究，可以看出这座海山经历了从早期的玄武质火山活动到稍晚期偏中性火山活动的演化过程，反映了南海海山形成演化的复杂性。

这是我国首次沿南海海山剖面自下而上进行的系统观察和取样，获取的玄武岩样品为研究新生代南海海山的形成时代和演化提供了基础，对研究南海的构造演化具有重要意义。

海底玄武岩地貌

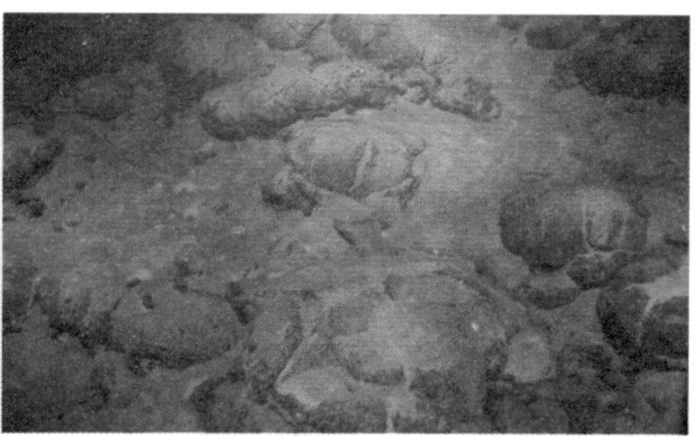

海底球状玄武岩地貌

南海冷泉区

南海除了拥有星罗棋布的海山，还分布着神奇的冷泉。

冷泉并不是真的“冷”，其喷出的气体和液体的温度与周围海水环境的温度相同或略高，只是因为与“热液”相比其温度是低的，所以被称为“冷泉”。冷泉不但发现得比热液晚，而且已知冷泉的数量远少于热液的数量，其分布区也大都在靠近大陆的近海，不像热液那样主要分布在洋中脊上。

近年来，我国利用载人潜水器“蛟龙”号、“深海勇士”号和无人潜水器“海马”号、“发现”号连续在南海北部大陆架和大陆坡交界处发现了多处冷泉。

“蛟龙冷泉I号区”位于南海东北部水下约1120米深处。2013年6月17日,“蛟龙”号载人潜水器前往南海冷泉区海洋生物群落“做客”。海底传回的图片和视频显示：南海海底冷泉区生物种类丰富，双壳类生物密布海底，白色的毛瓷蟹在双壳类生物上随意爬行。一种在冷泉区比较罕见的蜘蛛蟹也堂而皇之地在“蛟龙”号潜水器镜头前“闪亮登场”。冷泉区生物群落的发现大大超出了科学家的预期。

冷泉生物群落的基石是甲烷细菌、硫化细菌等化能微生物。它们无须进行光合作用,以海底溢出的有毒物质(甲烷、硫化氢等)为“食粮”,凭借体内特殊的酶进行生化反应，将无机物转化为可被生命利用的有机物，在低温、高压、剧毒的海底冷泉或热液喷口周围演绎着“黑暗生物圈”的奇观。

这些化能微生物就像是海底流通的“钞票”，生活在那里的大型(身体粒径在0.5~2.0毫米之间)或者巨型(身体粒径大于2.0毫米)底栖动物都需要随身携带“钞票”,即通过取食化能微生物及其代谢产物获得营养,才能在“黑暗生物圈”享受舒适的生活。例如:海底双壳类生物贻贝的鳃部通常为黑色,仿佛沾满了“黑烟”,想必口感不佳甚至有毒。这些“黑烟”正是寄居在贻贝鳃上的深海微生物,与贻贝形成共生关系,可以为寄主提供营养和能量。毛瓷蟹、阿尔文虾、螺等深海生物也以身体表面或者身体内部为化能微生物提供生长繁殖场所,同时通过取食化能微生物及其代谢产物获得营养。

“黑暗生物圈”中的海葵、贻贝与螺

对于几千米深的海底来说，冷泉区就好比沙漠里的绿洲。海底冷泉区的生物多样性如今已成为科学家争相研究的课题。科学家在“蛟龙冷泉I号区”看到的情况表明：

该区域是一块海底生物、地球、化学活动十分活跃的极端环境区，而且这些生物、地球、化学活动很有可能是由海底之下的能量供应控制的。对这些现象进行深入细致的研究不仅有利于推动地球科学和生命科学的进步，而且对于我国南海新能源和新型生物资源的获取具有十分重要的意义。

东太平洋多金属结核勘探区

随着人类对资源需求的不断增加，陆上矿产资源的供给越来越匮乏，许多国家纷纷将目光转向深海矿产。20 世纪 80 年代，美国率先完成了 5500 米水深采矿海试；20 世纪 90 年代末，日本完成了 2200 米拖曳集矿系统海试。

东太平洋多金属结核勘探矿区是中国大洋协会于 2001 年获得的我国第一块专属勘探矿区。多金属结核又称“锰结核”，富含锰、铁、镍、铜、钴等多种金属，其直径一般为 1~10 厘米，大的可达 20 厘米，形如土豆，还有的连接在一起，看上去像一块生姜。

底栖生物拖网样品甲板处理现场和部分多金属结核

多金属结核在全球海底均有分布，其中太平洋最密集，代表区域有东北太平洋克拉里昂－克里伯顿断裂区、东南太平洋秘鲁海盆和南太平洋中部海盆。另外，中印度洋海盆和南大西洋海盆也有一些分布区。多金属结核往往“生长”于海底沉积物上，呈暴露状或半埋藏状，即使在同一区域，结核覆盖率和丰度差异也很大。

多金属结核通常包括核心和圈层两部分，其“生长”是从一个核心开始的，核心可以是火山碎屑岩、生物碎屑和沉积物泥块。就像树木的年轮，铁和锰的氧化物和氢氧化物围绕核心呈同心圆状“生长”，构成或厚或薄的圈层。结核的生长速度因底质环境不同而有所差异，一般每一百万年才“生长”几毫米到几十毫米，“成长”之路可谓漫长。

20 世纪 60 年代，一些发达国家开始调查研究海底多金属结核。进入 80 年代，我国开始在太平洋国际海底区域系统调查多金属结核资源。90 年代，中国大洋协会获准在联合国登记注册为国际海底先驱投资者，我国被分配了 15 万平方千米的多金属结核开辟区。2001 年，中国大洋协会与国际海底管理局签订首个多金属结核勘探合同。2017 年，中国五矿集团公司获得东太平洋多金属结核勘探合同区专属勘探权和优先开采权。

海底多金属结核

多金属结核分布区域水深为 4000~6000 米，海底地形复杂，这给了“蛟龙”号施展“水下寻宝”绝技的舞台。2013 年 8 月 8 日，“蛟龙”号在东北太平洋中国多金属结核勘探合同区开展了第 63 次下潜作业，经过结核覆盖率调查，科学家初步测算出此处多金属结核覆盖率约为 50%，主要包括锰、铁、镍、铜、钴等元素。这一结果出乎科学家的

预料，令人喜上眉梢。“蛟龙”号还执行了近底航行拍摄，获得了大量的海底高清视像。这些资料除了可为结核覆盖率测量提供依据，还帮助生物学家发现了多种海参、鱼、虾及海星、柳珊瑚、海蛇尾等海底生物。

近年来，我国相继开展了海底集矿试验系统研制和海上试验。伴随着“蛟龙探海”重大工程的实施，我国在深海采矿系统技术和装备研发方面正在迎头追赶。

西太平洋海山结壳勘探区

富钴结壳深埋在海底，难以被开采。富钴结壳是生长在海底岩石或岩屑表面的皮壳状铁锰氧化物和氢氧化物，因富含钴而得名“富钴结壳”。沉睡在海底的它们表面呈肾状、鲕状或瘤状，颜色为黑色或黑褐色，断面构造呈层纹状，有时也呈树枝状。富钴结壳由于含有钛、锰、钴等多种金属，因此有可能成为金属钴和贵金属铂的重要来源。

太平洋中有6800多座海山，其中西太平洋的海山最多。这些海山大部分是火山活动形成的。西太平洋海山具有复杂的地形和地质构造，重力和磁力异常特征也较复杂。西太平洋海山地壳比东太平洋和中太平洋的海山地壳地质年代老得多，而且是经多次火山活动形成的。西太平洋海山和海岭往往产有富钴结壳和磷钙土等矿产资源。

海底富钴结壳及附着在其上的一只海葵

西太平洋采薇海山群蕴藏着丰富的富钴结壳。该海山群主要包含两个相对独立的平顶山，其中规模较大的主体海山为采薇平顶山，规模较小的附属海山为采杞平顶山，两者相距10.2千米。采薇海山群位于西太平洋东马里亚纳海盆东北缘，整个海山区属大型断块状隆起，绵延近1200千米，海山区的海山年龄在8000万~1亿年。

马尔库斯-威克海岭是马尔库斯-内克海岭的西分支，由许多火山岩体构成，成群地形成火山一构造海山块体，并坐落在同一个基底之上。它沿纬向延伸2000千米，最大宽度达660千米。基底高出周围海盆200~400米，海山山顶最浅水深为1200~1800米。马尔库斯-威克海山区内坐落的火山主要形成于中白垩世和晚白垩世至早第三纪，区内海山广泛发育褐色黏土、钙质软泥、硅质软泥和火山沉积物。

2014—2015年，“蛟龙”号试验性应用航次第一航段在西北太平洋采薇海山区和马尔库斯-威克海山区开展了10次下潜作业，精确定位取样，取得116个生物样品，21块、99.2千克富钴结壳样品，24.32千克多金属结核样品，22块、107.7千克岩石样品，26管沉积物样品及1232升海水样品等。

其中，“蛟龙”号在采薇海山完成了8次下潜，结合中国大洋31航次的5次下潜，通过点、线、面相结合的调查方式，我国科学家已基本摸清了富钴结壳矿区资源分布状况，掌握了生物多样性分布规律和矿区环境状况。

西南印度洋脊多金属硫化物勘探区

现代海底热液系统是20世纪自然科学界激动人心的发现之一，广泛存在于大洋中脊、弧后盆地等张性构造环境和火山活动区，构成了正在进行的全球性热液成矿系统。该

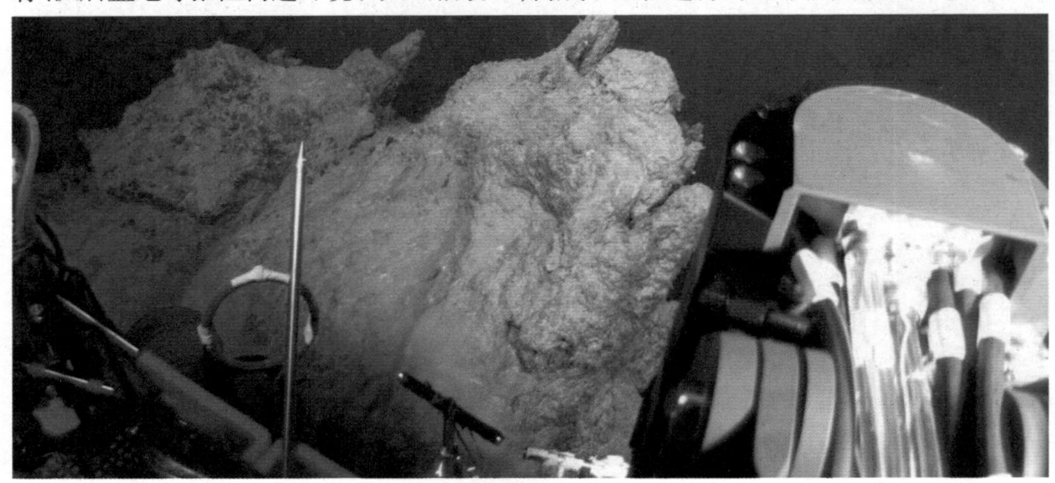

西南印度洋烟囱体

系统形成的颇具规模的大型多金属硫化物矿床有望成为 21 世纪的重要海底矿产资源。

2007—2008 年，中国大洋协会组织了印度洋热液活动科学考察活动，首次在西南印度洋发现了热液活动区，并将其命名为“龙旂热液区”。该热液区总面积约有 6000 平方米，平均水深约为 3180 米，最小水深为 1570 米。科学家通过潜水器观测，可见黑烟囱流体在缓慢喷发。“蛟龙”号现场采样记录表明，样品取到甲板上时温度仍较高（高达 60℃），说明目前该热液区仍有较高温度的热液流体在喷溢。

在现代洋中脊热液系统中，水—岩反应为热液流体提供了丰富的金属元素。西南印度洋龙旂热液区的硫化物、氧化物主要由纤铁矿、黄铜矿、黄铁矿和白铁矿组成，成矿期次划分为白铁矿—黄铁矿阶段（Ⅰ）和闪锌矿—黄铜矿（Ⅱ）阶段。闪锌矿、黄铜矿的出现反映出后期热液流体温度升高的现象。

西北印度洋脊多金属硫化物调查区

西北印度洋靠近赤道。从中国沿海城市——也是“蛟龙”号的老家——青岛出发，要在地球表面向西航行 60 个经度，途经中国东海、南海，穿行马六甲海峡，进入印度洋，横穿马尔代夫珊瑚环礁，再向西才能到达西北印度洋海域，航行时间超过 1 个月。

海底热液喷口

赤道海域因气温较高而盛行上升气流。上升气流受地转偏向力影响向高纬度移动,由此形成了赤道无风带。在赤道上航行,常常能看到镜面一般的海面。海水像是平静的湖水,使人仿佛在梦境中远航。人们放眼远望,四周静悄悄的,因为越来越远离海岛,连海鸟的踪影也难得一见。不夸张地说,这里就像是一片蓝色的沙漠。

然而,神奇的西北印度洋水面下藏着一条巨大的海底山脉。这是一条绵延1000多千米的海底山系——大洋中脊,被科学家命名为"卡尔斯伯格脊"。它位于北纬10°至南纬2°之间,呈西北—东南走向。如果把卡尔斯伯格脊比作海底长城,那么海底热液喷口就相当于长城上的烽火台。"蛟龙"号调查的热液区位于卡尔斯伯格脊中央裂谷新火山脊上,水深为3000米左右。

热液喷口是深藏在海底的热泉(温度常能达到上百摄氏度)。海水沿海底裂隙向下渗流,被岩浆热源加热后集中向上流动并喷发就形成了热液。这些热液因含有不同的矿物成分呈现黑色、白色或黄色,形似火山喷发出的滚滚浓烟。海底"黑烟囱"是指富含硫化物的高温热液活动区,因热液喷出时形似"黑烟"而得名。2013年,中国大洋科考队在西北印度洋底作过调查,研究人员通过海底摄像装置在这里发现了热液喷口并偶见海葵、铠甲虾、长须虾等生物。

黑暗生物圈

随着"蛟龙"号的多次下潜,人们也首次揭开了西北印度洋海底热液区的神秘面纱。下面依次介绍这几个典型热液区。

卧蚕热液区

6200 万年前的印度洋深处，一股岩浆自海底涌出，冷却形成了一个新的大洋地壳，这就是卡尔斯伯格脊。卧蚕热液区就位于卡尔斯伯格脊中央裂谷的新生火山脊上。卧蚕热液区由中国科考船“李四光”号在 2012 年发现，因所在海脊形似卧蚕而得名。

初见之下，这片海底荒芜、贫瘠，海床表面遍布着一块块枕状玄武岩，看起来就像河滩干涸后遗留下的巨型卵石，又像是一枚枚堆叠起来的恐龙蛋。根据海底扩张学说，地幔中的岩浆不停地向上涌升，冲出海底后遇到冰冷的海水冷凝固结，形成玄武岩，继而成为新生的洋壳。“蛟龙”号灯光照耀下的玄武岩地貌连接成片，黑黝黝的岩体有时呈长辫状，有时呈瀑布状，仿佛还在向人们展示当初岩浆喷发的景象。这些青黑色、姿态各异的巨石如同来自地球深处的信使，向科学家传递着地幔物质成分、构造环境及地球的深部动力学等重要信息。

科学研究发现，海底热液口像生命体，从无到有，经历幼年、壮年到老年的过程。如果一个热液口的温度呈下降状态，就表明此热液口已经衰老，正濒临“死亡”。卧蚕 2 号热液区没有正在活动的热液口，只有一处低温热液流正在溢出，说明此处热液活动接近末期。

热液活动停止后的烟囱体

然而，仅仅相隔 2.7 千米，卧蚕 1 号热液区却呈现出与“死气沉沉”的卧蚕 2 号热液

区截然不同的景象：这里黑烟缭绕、螺虾成群、海葵招摇，忙于喷发的“黑烟囱”群生机勃勃，热液流体中的矿物结晶闪烁着光斑，仿佛“金雨”从天而降。“黑烟囱”是由热液喷发携带出的金属硫化物堆积而成的，有时呈塔状，有时呈山状，有时会坍塌成丘状。

“黑烟囱”是不折不扣的海底火焰山。烟囱口的热液流体温度可达上百摄氏度，“蛟龙”号高温探针测得的热液流体（黑烟）最高温度达到过336.8℃。但是，在冰冷海水的作用下，烟囱内外温差很大。烟囱口周围的温度为十几摄氏度，使得这里就像冰冷海底的一座温室。3000米深处的海水温度通常低于2℃。这里终年无光，水压高至数百个大气压，本不是生物宜居之地。然而，“黑烟囱”的出现给海底播撒下一片生命“绿洲”。

“黑烟囱”附近的海底“绿洲”

海底高压、低温的环境对陆地上的生物来说是恶劣的，甚至是无法生存的，但科学家在海底热液口附近却经常能发现鲜活的生命。对科学家来说，这些生活在热液口附近的生物是一笔“财富”。研究热液区的生命现象有助于揭示生命的起源。这些生物在深海极端环境下的生理机制也能够为医学、制药提供启示。

卧蚕1号热液区展现出了大自然温柔多情的一面。乘着潜水器沿山脊慢慢攀爬，下潜人员可以看到岩青色的螺群与红褐色的贻贝聚在一起，明黄色的海葵点缀在海山间，白蟹与盲虾相伴悠然漫步。因为海水实在太冰冷，这些热液区的生物就环绕在温暖的烟囱壁周围，紧紧“抱着”壁炉取暖。黑烟一直弥散到较为平坦的山顶，如春雨般滋养着独特的热液生物群落。这些“漫山遍野”的海底居民过着拥挤的群居生活。人们透过潜水器的观察窗望着它们，就像是在观看华丽水族箱中的景象。

海葵和螺样品

贻贝样品

盲虾样品

海底热液区抱团“取暖”的盲虾

即便没有亲自下潜，看看“蛟龙”拍回的深海高清视频，人们也会有身临其境之感。股股黑烟从烟囱群中喷薄而出，穿行其间的潜水器有如腾云驾雾。这些烟囱外表大多呈炭黑色，也有些呈红褐色，还有的为灰黄色。烟囱周围生活着成群结队的白虾和在虾群中爬上爬下的深海蟹。伸出众多触手的海葵也附着在烟囱体上，好似山坡上盛开的黄菊。在低温热液口附近，下潜人员还观察到了排列整齐的螺群，黑褐色的螺壳上长满鬃毛，令人啧啧称奇。

鳞脚螺

鬃　螺

事实上，采自卧蚕 1 号热液区的两种螺类生物多达上百只，出水后大都还处于存活状态。其中一种螺的螺壳颜色青黑，壳体表面密布软毛，摸上去毛茸茸的并不扎手；另

一种螺的螺壳呈棕褐色，螺肉上竟然像穿山甲一样长有鳞片，当用手触摸时，这些鳞片还会缩紧。

这两种螺在西南印度洋龙旂热液区也有分布。其中，生有鳞片的螺名为“鳞脚螺”。它和长有软毛的鬃螺都依靠体内的微生物生存。这些神奇的微生物是整个“海底水族馆”的“基石”。它们凭借体内特殊的酶进行生化反应，将无机物转化为可被生命利用的有机物，因此被称为“化能自养微生物”。它们为海底多毛类、双壳类、腹足类、甲壳类等生物提供营养物质和能量，从而使“海底水族馆”形成一个比较完整的生态系统。

科学家在卧蚕1号热液区还收集到十几只贻贝。与人类日常食用的贻贝不同，这些深海热液区贻贝的鳃部为黑色，仿佛沾满了海底“黑烟”。这是因为热液区贻贝也依赖寄居在鳃上的微生物获取能量。此外，一种名为“管栖蠕虫”的生物生活在“蛟龙”号从热液区采集回来的块状硫化物和烟囱壁上。它们属于环节动物，通体呈红色，躲藏在硫化物表面或深处的一道道管状结构中，看上去像蚯蚓。研究发现，西太平洋管栖蠕虫以捕食热液微生物为生。对于此次在西北印度洋采集的管栖蠕虫的生活习性，随船科学家所知不多，需要进一步分析研究。

“黑烟囱”中的管栖蠕虫

大糟热液区

如果把比萨斜塔搬到大糟热液区，那么它恐怕在气势上要比“黑烟囱”逊色几分。

“蛟龙”号在大糟热液区3000多米深处“邂逅”了数个高约20米、底部直径近8米的巨大烟囱体。个别烟囱体造型倾斜成拱状,仿佛是深海拱门。

大糟热液区位于西北印度洋偏北一侧,与卧蚕热液区主要分布在洋脊顶端不同,大糟热液区发育在洋脊鞍部位置,拥有多个正在喷发的活动烟囱群及热液生物群落。相比卧蚕1号热液区,大糟热液区的热液喷口较少、活动性较弱,产生的黑烟不多,但烟囱体体量庞大,并存在规模较大的硫化物堆积体,高度可达30米,为烟囱倒塌后堆积而成。此外,这里还存在数量惊人的盲虾群。密密麻麻的盲虾层层覆盖在烟囱体上,仿佛在争相畅饮热液喷口中流出的“琼浆玉液”。

海底热液区的盲虾群

“大糟”的本义即酒食,出自《诗经·商颂·玄鸟》中描述宗庙祭祀的诗句,形容供奉食物之丰盛。当“蛟龙”号下潜3000米,到达海底“炊烟四起”的热液区时,下潜人员看到的景象如同一场“龙宫盛宴”:随着“黑烟囱”的出现,死寂的海底突然变得生机勃勃,喷涌而出的热液就像美酒佳馔,供养着整个热液生态系统。

通过显微镜观察可以发现:盲虾鳃的尖端呈羽毛状,每一根羽枝上都聚集着成千上万的热液微生物。当热液流经盲虾的鳃部时,微生物可将水中的硫化氢等有毒化学物质转化为盲虾生存所需的有机物,形成完美的共生系统。

关于生命起源的“热汤假说”认为:在生命形成早期,原始海洋就像一锅热气腾腾的浓汤,其中溶解了多种化学物质。高温为化学反应提供了条件,无机小分子逐步形成有机大分子,大分子逐步形成早期生命物质。这种景象让人联想到海底热液喷口附近的生命现象,说不定其中就隐藏着解答生命之谜的关键。

当然,大糟热液区最令人难忘的还是烟囱林景观。科学家根据大糟热液区的活动情况和烟囱体外壁的氧化情况,初步判断其喷发时间可能早于卧蚕1号热液区,但已经不处于活动最剧烈的阶段。该热液区还存在新的矿化现象,如矿化玄武岩和蛋白石,这是在卧蚕热液区没有发现的。

大糟热液区烟囱林

天休热液区

天休热液区位于西北印度洋卡尔斯伯格脊中央裂谷南侧的裂谷壁上。此前虽有国外科学家在该区域进行过多次调查，但他们都未发现热液喷口。我国科学家曾在该区域观测到多个坍塌的“死亡烟囱体”、块状硫化物与热液沉积物等。“天休”意为上天赐福，出自《诗经·商颂·长发》中的“为下国缀旒，何天之休”一句，寓意该热液区的发现犹如天降福祥。

“蛟龙”下潜到天休热液区后，在持续近6小时的海底调查中只观察到一处中低温烟囱群。调查区域内随处可见的坍塌“死亡烟囱体”和散落其上的白色贻贝残骸见证了深海热液区生物群的兴盛与衰亡。这里本是热液生命的乐土，如今却是遍地“白骨”。在海底，热液喷口一旦消亡，螺、虾等生物就失去了可以取暖的“火炉”，主要的生命体从此变得杳无踪迹。

海底贻贝残骸

虽然没有获得生物样品，但“蛟龙”首潜天休热液区收获了 40 千克地幔岩和 21 千克矿化围岩。早在 1985 年，我国就有学者提出了热液成矿的多元理论，并注意到了洋脊热液在铁、铜等金属硫化物沉淀中的作用。如今，海底热液区已是科学家认识和了解硫化物矿床形成演化的天然实验室。这些来自西北印度洋底的岩石样品将为科学家在陆上寻找、勘探、评价和开采类似矿床提供重要借鉴。

自然资源部第二海洋研究所高级工程师翟红昌曾随“蛟龙”号在西北印度洋下潜，见识了海底热液区的盛况。他在作业船上即兴写下了一篇《海底观火山记》，用典雅的文字描绘了一幅神奇的深海画卷。

翟红昌（左一）在“蛟龙”号载人舱中工作。

海底观火山记

卡尔斯伯格脊处欧亚大陆之西、非洲大陆之东，南北纵卧海底而中分印度洋者也。其地势多起伏而又多火山，岩石源源出其中，两分而成新土，此古之所谓“息壤”者也。其火山大小不一，行踪难觅，近为世人所知者，卧蚕、天休、大糌也。

余以某年月日，自青岛乘风雨，历黄、东、南海，穿马六甲海峡，越马尔代夫而至于卧蚕，次月某日，乘“蛟龙”潜海底，遂观海底火山之胜境矣。

是处水深九千又九尺，忽焉至底，首见者皆玄武岩也。其石大如斗，形如枕，栉比相卧，中间少土。沿石罅而北，越一小丘，土转赤色，或曰此热液沉积物也。寻其踪而上，初见海葵离离生于石上，再行百米，至于山顶，景色焕然一新矣：但见冥灵遍地，生机盎然，海葵逐流，似有叶而无根，鲛鱼望风，如翱翔而无翼。温泉汩汩出于地下，又有游虫虾蟹往来奔走，欣欣然使人忘其所处，恨不知是谓黄泉耶？桃源耶？

越此山顶为一断崖。甫一下崖，便见黑烟涨天，茫然不辨东西。摸索前行，可见黑烟滚滚出于对崖之上。渐行渐近，始见大小烟囱遍布山巅，其大者若山陵，小者似剑丛，大大小小，皆在激发。炽炽烈烈，状如淮海大战之疆场，形似虎贲骁勇之劲卒，冲锋陷阵，怒突无畏，遇之者死，当之者坏。侧耳倾听，则有隆隆战鼓之声环绕四周，使闻者丧胆、见者落魄！

去此东南八百里，另有火山名"天休"者，或言其地若铜墙铁壁，有轻尘飞鸿不得过、千军万马不可摧之势，想必两者皆在蓄势待发，期于一战也，庶几沧海桑田，两军势必相接矣！

忽而归时已至，抛载上浮，感此人间绝无之奇景而赋之曰：

"乘'蛟龙'之方舟兮，潜沧海而远行，其深不测，其广无垠！唯此仙境，光怪陆离。鬼斧神工，何奇不有？天造地设，何怪不储？游余心以广吾观兮，且彷徨乎归去！"

海星样品

多毛类样品

深海蟹样品

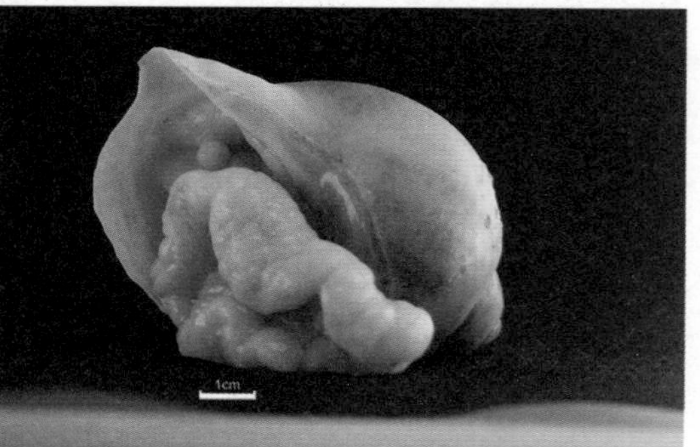

腹足类样品

海底热液区腹足类及深海蟹

海 葵

西太平洋雅浦海沟区

雅浦海沟紧邻雅浦群岛和帕劳群岛，北起马里亚纳海沟南端，南到帕劳海沟北端。在大地构造位置上，雅浦海沟和雅浦岛弧处于菲律宾海板块与太平洋板块、卡罗琳板块交会处。这些板块之间的相互作用形成了多个由岛弧、海沟、弧后盆地共同组成的沟-弧-盆构造体系。雅浦海沟与马里亚纳海沟同为世界级海沟，轴部水深为6000~9000米。

“蛟龙”号在雅浦海沟的第一潜选择在海沟西壁区域。这里海底地形较为复杂，基底岩石风化破碎现象明显，并具有较稀薄的沉积物覆盖。“蛟龙”号实地探访发现，雅浦海沟具有典型的超深渊环境特点。海沟地形较为封闭，存在较为原始的生物种类，对研究生命进化起源有着重要意义。同时，雅浦海沟具有超高压的环境特点，生活在超深渊环境中的生物在适应超高压环境的进化过程中可能形成了特殊的生理代谢和防御机制。它们是新型生物功能分子的重要来源。雅浦海沟作为研究海区，具有重要的科学研究价值和生物资源价值。

“蛟龙”号还从6684米深的雅浦海沟深渊区带回了海参、海星、海百合等海底生物样品。雅浦海沟斜坡上分布着高密度的海参，在生物数量上，这一发现体现了海沟的“漏斗效应”。原来，由于海沟地形的汇聚作用、海沟内部的V形构造及其引起的“漏斗效应”，周围海底平原经海底浊流和海洋生物泵等途径输运来的有机碳易于被收集，海沟堪称“大洋有机碳的捕获器”。

海沟沉积物中积累的有机质为该环境中的底栖生物提供了可观的食物，使得海沟成为活跃的微生物反应器和罕见的深海生命乐园。

“蛟龙”号拍到的海参

西太平洋马里亚纳海沟区

在 19 世纪 50 年代，很多科学家认为水深几百米以下的海底不可能有生命存在，因为那里无光、寒冷、压力巨大、食物匮乏。直到 19 世纪 70 年代，英国“挑战者号”开展环球大洋科考，将拖网抛向几千米深的海底，深海世界生命繁盛的事实才被世人知晓。“‘挑战者号’在没有生命的地方找到生命”，改变了人们对深海的认识。后来，英国调查船“挑战者Ⅱ”将“挑战者号”探测过的太平洋马里亚纳海沟最深处命名为“挑战者深渊”。

马里亚纳海沟的海葵

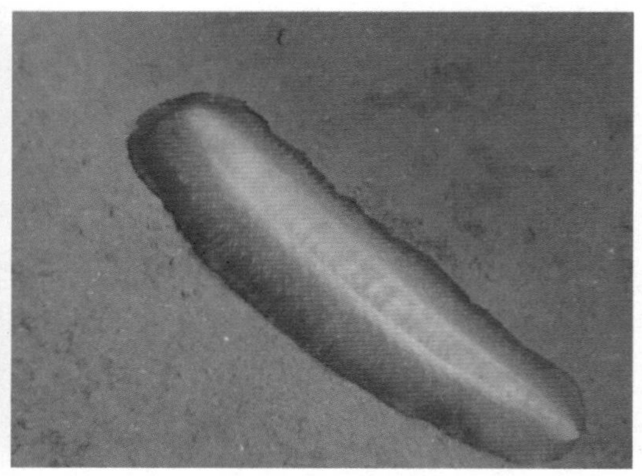

马里亚纳海沟的海参

海沟是海洋中最深的部分。马里亚纳海沟是太平洋板块自东向西俯冲至菲律宾板块之下形成的南北向深沟，北起硫黄列岛，西南至雅浦岛附近，全长约 2550 千米，平均

宽约70千米,大部分水深超过8000米。一般而言,海面以下6000米深的地方被称作“深渊”,而马里亚纳海沟最深处正是位于海沟西南部的“挑战者深渊”,水深超过1.1万米。这也是全球海洋最深的地方。如果将世界最高峰珠穆朗玛峰放进马里亚纳海沟,那么它的峰顶距离海面还有2000多米。

海洋中有光线透过的部分被称为“真光层”(水深小于200米),是海洋生物最活跃的水层。真光层下面是弱光层和无光层。弱光层(水深200~700米)内主要分布着由表层沉降下来的浮游植物,而无光层(水深大于900米)一直以来被认为没有生命存在。1977年,美国的“阿尔文号”载人深潜器在东太平洋2500米深的海底发现了热液喷口,并在喷口附近找到了密密麻麻的生物。这一发现震惊了全世界。

那么,水深超过万米的马里亚纳海沟中是否有生命存在呢?

在马里亚纳海沟进行的6000米级深潜中,“蛟龙”号获取的生物样品和科学家在现场看到最多的动物是海参。与常见的海参不同的是,6000米深渊中的海参都有透明的凝胶状身体。海洋生物学家指出,在食物匮乏的深海世界,有这些身体特征的海参无须为了长身体而消耗过多能量,这是适应深海生存的一种表现。

“蛟龙”号在马里亚纳海沟下潜到7009米时实现首次坐底,并荡起一阵海底尘烟。此时,一只火红色的大虾似乎嗅到诱饵的气味,从观察窗前游过去,一些小鱼也悠然游过。这些鱼和虾是真正的底栖动物,是深海世界的顶层掠食者。它们生活在高压、低温、黑暗和营养稀缺的环境中,是地球上不为人们所了解的物种。人们肉眼看到的只是一些可见生物,还有无数肉眼看不到的深海微生物生活在海底,令人赞叹自然的神奇和生命的伟大。

马里亚纳海沟的生物

马里亚纳海沟的海百合

第六章　挑战万米海

人类对海洋的探索经历了从海上探险到立体考察的发展过程。曾经，科学家们认为在水深几百米以下的海底不可能有生命存在。近年来，随着深海技术和装备的发展，载人潜水器可以将人们带到海底，近距离领略深海立体化、全方位的景观。

如果说“蛟龙”号的研制成功标志着中国进入世界载人深潜俱乐部，“深海勇士”号则代表中国潜水器可与世界先进潜水器并跑。

2016 年，我国 11000 米级载人潜水器宣布立项研发，这将是一次里程碑式的超越，其技术将达到世界领先水平。

11000 米级载人潜水器将填补“蛟龙”号覆盖不到的那 0.2% 的海域，因此又被称作“全海深载人潜水器”。有了大国重器的支撑，这些地方将成为我国科学家研究深渊科学、揭示地球演化的舞台。

“勇士”探深海

2009年,在“蛟龙”号刚完成研制还没进行海上试验之际,4500米级载人潜水器“深海勇士”号关键技术攻关宣告启动。鉴于“蛟龙”号项目推动了二十几个专项技术的发展,“深海勇士”号项目组在立项时提出了国产化率达到90%的目标。

从外形上看,“深海勇士”号就像“蛟龙”号的孪生兄弟,红白配色,外观像名为“鹅头红”的金鱼,长9.3米、宽3米、高4米、重20吨(“蛟龙”号长8.2米、宽3.0米、高3.4米、重22吨),最长水下作业时间达10小时,最大下潜深度可达4500米,可载3人。

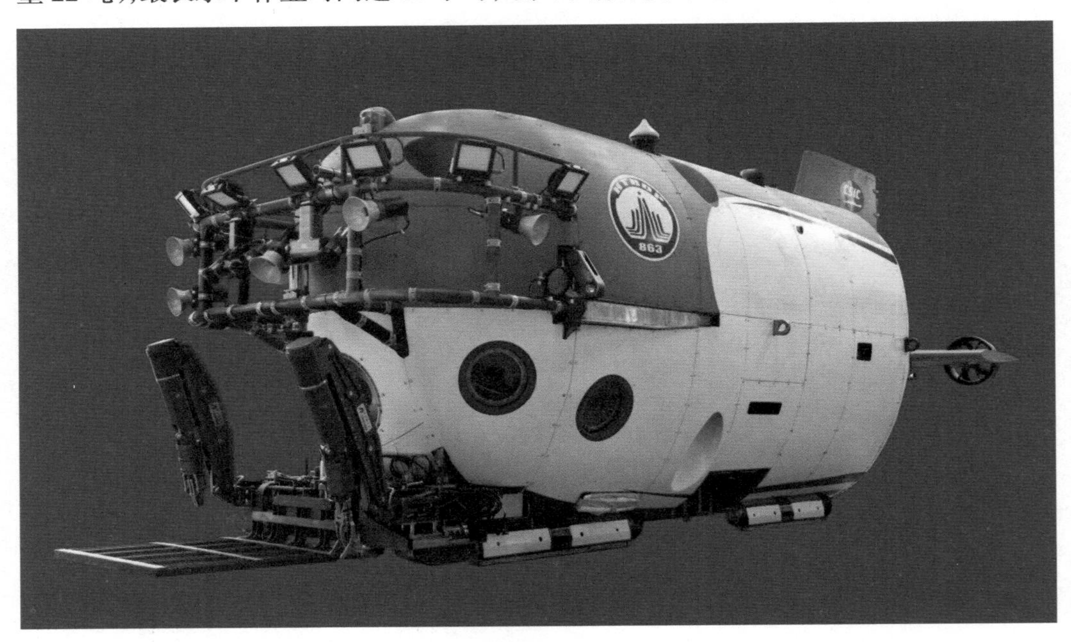

“深海勇士”号

“深海勇士”号载人球舱设计为内径2.1米的钛合金球,分为两个厚达91毫米的半球,达到了当时的国内材料工艺极限,对焊接工艺也提出了相当高的要求。科研团队借鉴航天技术,经过几千次试验,成功研制出半球冲压、电子束焊接的载人舱,实现了从样机变产品的跨越。4500米级载人潜水器总体集成课题验收报告显示:依据经费额度计算,“深海勇士”号载人潜水器国产化率达到95%,超出预期的90%。我国已具备载人舱、浮力材料、锂电池、推进器、海水泵、机械手、液压系统、声学通信、水下定位、控制

软件等十大关键部件的自主研制能力。

对于潜水器的功能能否达到预期，在陆地上的研发、组装只是“上半场”，“下半场”全在海上。2017年8月，“深海勇士”号开始海试，总设计师胡震在海试中圆了自己的深潜梦。他搭乘“深海勇士”号三探南海，在水下4500米处看到不少土堆。这些土堆形状规则，四周有槽。胡震回来后向海洋专家咨询，他们猜测是海底生物筑的。这真令人啧啧称奇。

胡震与“深海勇士”号

自然资源部第二海洋研究所助理研究员蔡巍曾经搭乘“深海勇士”号下潜。2019年3月10日，“探索一号”科考船搭载“深海勇士”号载人潜水器圆满完成了我国首次覆盖西南印度洋和中印度洋的深潜科考航次，返回海南三亚。

蔡巍记录了“深海勇士”号入水时的场景，将其形容为如同乘一叶轻舟在海面上来回荡漾，让人感觉头重脚轻。随着“深海勇士”号开始下潜，他感到一种“稳稳的幸福”。虽然下潜时载人舱内关灯，但他仍能看到控制面板上仪表的亮光。透过舷窗望去，海中不时有荧光闪烁。这些亮点被称为“生物体发光”，是海洋中的浮游生物为寻找食物或确认彼此位置而发出的光亮。水面以下200米的海洋非常黑暗，这些仿若流星的浮游生物伴随着他前往深海世界的旅程，在一片黑暗和静寂的深海中点亮了生命的“灯火”。

蔡巍写道：“从海面下潜到2700多米时，载人舱承受住水压变化的考验，舱内供氧和循环系统有效维持了气压和氧气浓度，并保持舱内近20℃的温度。舱内体感舒适，只有舷窗边聚集的冷凝水珠显示着温度在持续下降。在距离海底约200米时，‘深海勇士’号开启了照明系统。灯光映射下，我们可以清楚地看到窗外混杂着微小颗粒物的深蓝色海水。潜水器即将坐底，前方出现了一些体积庞大的烟囱体，密密麻麻如同石林，富含矿物质的流体正源源不断地从烟囱体喷涌而出。”

望着这壮观的深海地貌，蔡巍更真切地感受到大自然的魅力。“深海勇士”号依靠钢制采样篮搭靠在烟囱体边，如同宇航员在太空零重力行走。蔡巍感悟到：人类需要呼吸空气，热液微生物则“呼吸”海水；人类消耗氧气，热液微生物“淋滤”矿物。它们可能已在海底“生活”了千万年，并见证了生命诞生。

蔡巍发现，单个热液区的范围一般只有方圆约百米，许多烟囱体间距不过几米。在“深海勇士”号在海底滑行的过程中，3个并肩而立的烟囱体引起了他的注意：它们一个满身灰黄，傲然矗立；一个蓝白相间，底部似裙摆展开；还有一个及腰高的小烟囱体。3个烟囱体如同三口之家，相互依偎。一条小鱼慢悠悠地游过，衬托出深海的静谧与奇幻。

在海底漫游近5个小时后，“深海勇士”号抛掉压载铁，开始以每分钟40米的速度上浮。蔡巍恋恋不舍地透过舷窗向烟囱体“告别”。抵达海面后，母船船尾的A架从海面吊起潜水器，将其安放在甲板滑轨上。蔡巍走出载人舱，被守候在母船上的同伴将3桶水从头浇灌而下——这种“洗礼”仪式是对首次下潜者的祝福。

首次下潜后的“洗礼”仪式

人类对海洋的探索经历了从海上探险到立体考察的发展过程。曾经，科学家们认为在水深几百米以下的海底不可能有生命存在。直到19世纪70年代，英国“挑战者号”在环球海洋勘探时，将拖网抛至几千米深的海底，深海世界生命繁盛的事实才被世人所知。近年来，随着深海技术和装备的发展，载人潜水器可以将人们带到海底，近距离领略深海立体化、全方位的景观。

如果说“蛟龙”号的成功研制标志着中国进入世界载人深潜俱乐部，“深海勇士”号则代表中国潜水器可与世界先进潜水器并跑。2016年，我国11000米级载人潜水器宣布立项研发，这是一次里程碑式的超越，其技术将达到世界领先水平。

被吊起的“深海勇士”号

11000米级载人潜水器将填补“蛟龙”号覆盖不到的那0.2%的海域，因此又被称作“全海深载人潜水器”。这0.2%的海域中有全球14条超过7000米深的海沟。有了大国重器的支撑，这些海域将成为我国科学家研究深渊科学、揭示地球演化的舞台。

深渊“彩虹鱼”

2018年11月，“沈括”号科学考察船搭载3台“彩虹鱼”万米级着陆器从上海起航，

前往马里亚纳海沟最深处挑战者深渊附近海域，开展“彩虹鱼”万米级载人潜水器超短基线系统海上试验、两台第二代“彩虹鱼”着陆器万米级海上试验等工作，并完成科学样本采集和海底拍摄任务。

“彩虹鱼”入水。

马里亚纳海沟位于菲律宾东北、马里亚纳群岛附近的太平洋洋底，亚洲大陆和澳大利亚之间，北起硫黄列岛，西南至雅浦岛附近，呈弧形，全长约有2550千米，平均宽约70千米，大部分水深在8000米以上。据估计，这条海沟的“年龄”已有6000万年，是太平洋西部洋底一系列海沟的一部分。

6000米水深以下极端生态环境的深渊区是目前人类探索最少的海底世界。此前仅有3人成功下潜到马里亚纳海沟的最深处，分别是加拿大导演詹姆斯·卡梅隆、美国海军中尉唐·沃尔什与瑞士工程师雅克·皮卡德。不同于主要以探险和拍摄影像资料为目的的个人深潜，2012年搭载有3名潜航员的“蛟龙”号在这里创造了世界同类型作业型载人潜水器的最大下潜深度纪录。

海洋中最深的地方就像是地球“最后的边疆”。与喜马拉雅山对自然探险家有着巨大的吸引力一样，马里亚纳海沟等深渊也吸引着海洋探险家。研制万米级载人深潜器则成了当今海洋领域有着重大影响力的科技工程。上海海洋大学与彩虹鱼公司共同打造的万米级深渊科学技术流动实验平台由科考母船“张謇”号和一台万米级载人潜水器、一台万米级无人潜水器、3台万米级着陆器共同组成。“张謇”号科考船首航到巴布

亚新几内亚并提供中国的深海科技服务，标志着这一项目迈出重要一步。

尽管海下深渊带面积仅占全球海底面积的0.2%，却是地球“洋陆斗争”的前沿阵地，是科学家研究岩石圈、生物圈、水圈和深部生物圈等相互作用，分析海洋和深部生物圈物质、水和微生物交换，探寻极端条件下生态系统对环境的响应等重大科学问题的“天然实验室”。

2018年12月，“沈括”号到达世界上最深的海沟——马里亚纳海沟所在海域。位于这条世界著名的海沟最深处的挑战者深渊曾被测到的最大深度为11034米，如果将陆地上的最高峰——珠穆朗玛峰放进这片海域，其峰顶距离海面还有2000多米。

两台最新研制的“彩虹鱼”第二代着陆器在顺利通过万米级海试后，立即投入采集海水和诱捕生物的实际应用。另一台“彩虹鱼”第一代着陆器主要用于搭载其他科学设备开展万米级海试，并在海底采集沉积物。

第二代着陆器入水。（图自新华网）

海试期间，每天下午，这3台橘黄色的“彩虹鱼”着陆器从“沈括”号船尾依次下潜，到海底执行采样任务，次日上午浮出水面，由吊架回收到甲板，休整和充电后下午继续下潜。它们就像3名灵巧勤劳的“快递小哥”，在相距万米的海底与海面之间往返穿梭、夜伏昼出。

在“彩虹鱼”着陆器下潜到万米深渊的同时，“沈括”号上的生物拖网等常规采样工作也穿插着展开。科研人员采集到丰富的科学样品，包括一只体形呈放射状、目前尚不能确定“身份”的透明生物。

“沈括”号调查船

深入万米海

万米海底终有中国人的身影。北京时间2020年11月10日清晨4时20分左右，在马里亚纳海沟海域，我国自主研制的全海深载人潜水器“奋斗者”号搭载3名潜航员从“探索一号”母船机库缓缓推出，被稳稳地起吊布放入海。

“奋斗者”号入水。

经过3个多小时的下潜，8时12分，“奋斗者”号到达10909米海底，刷新了中国人下潜海底的深度纪录，也成为历史上第一艘下潜到挑战者深渊的载人潜水器。

“奋斗者”号是国家“十三五”重点研发计划“深海关键技术与装备”专项支持的深海重大科技装备，于2016年立项，由以“蛟龙”号、“深海勇士”号载人潜水器的研发力量为主的科研团队承担。中国船舶集团有限公司第702研究所牵头总体设计和集成建造，中国科学院深海科学与工程研究所作为业主单位牵头开展海试。

“奋斗者”号外观像一条大头鱼，“肚子”被装扮成醒目的绿色，头顶涂着耀眼的橘色。深海中，绿光衰减较小，绿色便于人们在海底捕捉它的身影；浮出水面，橘色便于被母船快速找到并回收。

万米深海可谓科研“无人区”，载人潜水器则是进入“无人区”的科考利器。“大头鱼”不仅涂装靓丽、灵动自如，而且“肚”里有货，可同时搭载3名人员下潜，作业能力覆盖全球海洋百分之百的海域。

据702所副所长、“奋斗者”号总设计师、万米海试总指挥叶聪介绍，这次万米海试，“奋斗者”号载人潜水器运行团队逐渐压缩，将把更多的位置留给科学家。

“深海非常震撼，我观测到这里有海参！”在一段来自万米海底的通话中，中国科学院深海科学与工程研究所研究员贺丽生分享了她的探险发现。

与前三次只有潜航员下潜不同，11月19日，除了两名潜航员，贺丽生以科学家的身份也参与了下潜。科学家通常坐在潜水器右舷，舱内配有丰富的作业工具，供其在海底进行观测、采样、培养等科考任务。

“我们此次科考任务以生物为重点，主要观察万米深渊海底生物的种类等，也会择机采一些生物样本。我们还带了一些自主工作的采样装置，像序列采水器、原位化学实验装置。”贺丽生说。

“双船双潜”是“奋斗者”号海试任务的关键词。“双船”是为“奋斗者”号深潜护航的双母船——“探索一号”（支持船）和“探索二号”（保障船）。“双潜”指的是双潜水器：一个是主角，即“奋斗者”号，另一个则是主角的“御用摄影师”——“沧海”号。

顾名思义，母船像一位母亲。深海潜水器要想在万米级深度自由探索，离不开母船的全力保障。

“探索一号”科考船长94.45米、型宽17.9米，是一艘战功赫赫的海洋科考“老大哥”。它也是载人潜水器“深海勇士”号的科考母船，还曾搭载无人潜水器“海斗一号”等深海科考利器进行万米级无人科考活动。

相比于经验丰富的“探索一号”，“探索二号”是新手上路。它长87.2米，型宽18.8米，是中国首艘专为万米深海科考打造的母船，于2020年6月出坞。它是一个多功能海洋科考平台，可搭载60名科考队员和船员开展海试任务，海上连续工作最远距离大于15000海里，连续工作最长时间超75天。“探索二号”不仅吨位大、性能好，而且搭载的许多科研设备和探测“神器”是由我国自主研发的。

“探索一号”

“探索二号”

由于阳光无法抵达，深海区一片漆黑。要想一睹“奋斗者”号在海底的英姿，打光拍照必不可少。与“奋斗者”号一同探秘海底的还有“沧海”号，它是一台全球独家的深海着陆器，可以进行全海深4K超高清视频的拍摄、采集和传输处理，不仅可以搭载全海深高清相机，直播回传万里洋底的实时画面，还能记录“奋斗者”号的一举一动，是后者当之无愧的“御用摄影师”。

此外，“沧海”号有一个“小助理”——其内部的移动机器人“凌云”号。“凌云”号可以在海底自由活动，提供更多角度的照明，为直击“奋斗者”号洋底作业提供第二机位。

“奋斗者”号与“沧海”号不是同时“捆绑”入海的，那么二者如何找到对方搭档作业呢？原来，“沧海”号会先下潜到海底，成为水下拍摄的主机位，并运行预先设置的自动程序，将内部移动机器人“凌云”号唤醒，通过自动程序设计路径移动，作为水下拍摄的第二机位。

“沧海”号就绪后，“奋斗者”号紧随其后向海底下潜，坐底后通过声学通信定位和探测雷达在漆黑的海底找到“沧海”号，并从“沧海”号的上方缓缓驶入画面中央，稳坐镜头前。之后，“奋斗者”号和“沧海”号只需要将各自搭载的通信设备互相对准，就可以对话合作了。

下潜深度标注着中国深潜事业的创新高度。“奋斗者”号能在万米洋底勇往直“潜”，得益于其有一颗强大的中国“心脏”。

作为我国唯一一台可以搭载人员下潜到海底一万米的科考装备，“奋斗者”号代表了当前深海工程技术领域的顶级水平，国产化率超过96.5%。

“沧海”号深海着陆器

中国科学院声学研究所研究员、“奋斗者”号潜航员杨波和他的团队经历了从“蛟龙”号、“深海勇士”号到“奋斗者”号的一次次任务。“载人深潜突破新的深度纪录，我们都明白很难，但是必须要完成。实际上，从9000米到11000米，对我们来说都是未知的空白。”杨波说，通过科研团队的充分准备和攻关，团队得以战胜一系列“不确定”。

叶聪介绍，走向深海的第一个难题就是海水带来的高压。“奋斗者”号下潜的马里亚纳海沟最深处水压超过110兆帕，相当于2000头非洲象踩在一个人的背上。如此高压意味着潜水器的材料、结构设计等都面临严峻挑战，“奋斗者”号该如何抗压？

“奋斗者”号团队部分成员

首先要有一身坚固的“铠甲”。多年上千次的优化测试证明，中国自主研发的全新高强高韧钛合金足以应对深海的高压和冲击。

搞定材料只是万里长征第一步，想要成功潜至万米深渊，还需要极其精密的制造、冷弯、焊接技术，以保证球舱的可靠性。研发团队改进焊接方式，将焊缝多、工期长的传统“瓜瓣焊接”改为焊缝少、可靠性高的“半球焊接”。“奋斗者”号钛合金载人球舱直径

达2米，是目前世界最大的载人舱体，标志着我国钛合金材料技术和焊接加工技术已经达到国际领先水平。

除了解决水压问题，“奋斗者”号还需要解决操控、供氧、电池、照明、影像、自动巡航、水声通信等一系列问题，还要搭载相关人员、一系列科学设施等在水中完成科考作业，这进一步加大了制造难度。

在“蛟龙”号、“深海勇士”号载人潜水器研制与应用的基础上，历经多年艰苦攻关，“奋斗者”号研发团队在耐压结构设计及安全性评估、钛合金材料制备及焊接、浮力材料研制与加工、声学通信定位等方面实现技术突破，顺利完成了潜水器的设计、总装建造、陆上联调、水池试验和海试验收，具备了全海深进入、探测和作业能力，正式转入试验性应用阶段。

自2020年10月10日起，“奋斗者”号赴马里亚纳海沟开展万米海试，成功完成13次下潜，其中8次突破万米。2020年11月10日8时12分，“奋斗者”号创造了10909米的中国载人深潜新纪录，标志着我国在大深度载人深潜领域达到世界领先水平。

“奋斗者”号坐底。

海洋地质学家、中国科学院院士汪品先说：“深海是人类在地球上了解最少的区域，深海地下更是一片未知世界。”

未知多，风险大，潜向万米海底道阻且险。从十年磨一剑的“蛟龙”号到全海深载人潜水器“奋斗者”号，我国载人深潜从无到有，由浅入深，不断攻克高压、密封、耐腐蚀、绝缘等技术难题。从300米到10909米不仅是对自然边界的探索，更是对合金材料、水声通信、精密加工等技术的探索；逐渐增加的也不只是下潜深度，还有我国为地球板块

运动等科学难题作出的研究贡献以及在科技领域自主研发的能力与信心。

在“奋斗者”号海底作业期间，潜航员通过潜水器搭载的声学通信系统表达了巡航海底的感受：“万米的海底，妙不可言。”

为什么要潜到这么深？这不仅是好奇心使然。海洋面积约占地球表面积的71%，海水约占地球水资源总量的97%，深海区域是探索生命起源和地球演化等重大科学问题的必由之路。进入大洋深渊开展科考并获得科研样本是深入推进相关研究、作出原始和基础性贡献的重要条件。

“奋斗者”号全海深载人潜水器成功完成万米海试，于2020年11月28日凯旋三亚。中共中央总书记、国家主席、中央军委主席习近平发去贺信，致以热烈的祝贺，向所有致力于深海装备研发、深渊科学研究的科研工作者致以诚挚的问候。

习近平在贺信中指出：“‘奋斗者’号研制及海试的成功，标志着我国具有了进入世界海洋最深处开展科学探索和研究的能力，体现了我国在海洋高技术领域的综合实力。从‘蛟龙’号、‘深海勇士’号到今天的‘奋斗者’号，你们以严谨科学的态度和自立自强的勇气，践行‘严谨求实、团结协作、拼搏奉献、勇攀高峰’的中国载人深潜精神，为科技创新树立了典范。”

习近平希望所有致力于深海装备研发、深渊科学研究的科研工作者继续弘扬科学精神，勇攀深海科技高峰，为加快建设海洋强国、为实现中华民族伟大复兴的中国梦而努力奋斗，为人类认识、保护、开发海洋不断作出新的更大贡献。

中国一直注重海洋尤其是深海研究，实现“全海深”进入，开展“全海深”科考是中国科学家孜孜以求的目标。也许有人会问：之前我国已经研制出“海斗一号”等万米级无人潜水器，为什么还要研制万米级载人潜水器呢？

“从技术角度来说，研制万米级载人潜水器会推进突破一系列关键技术问题。”中国科学院深海科学与工程研究所研究员包更生解释说，“从科学角度讲，载人潜水器在进行水下科考时机动性、巡航能力更强，可搭载更多科考装备，因此既要有无人潜水器，又要有载人潜水器。”

研制以“奋斗者”号为代表的大深度载人潜水器意义重大，可以带动我国深海能源、材料、结构、通信导航定位等高新技术和产业全面发展，不断拓展新的应用领域，也显示了我国在深海科技领域的科技实力和蕴藏的潜力。

未来，我国潜水器将继续向全海深谱系化、功能化方向发展，根据不同的任务和目的选用不同下潜深度的潜水器，为海底资源、地质和深海生物调查以及科学研究、水下工程、打捞救援、深海考古等提供支持。

长风破浪时，惊涛骇浪间，我国的科技工作者从未停止对海洋的孜孜探索，并将一直探索下去。

“奋斗者”号

第七章　“龙”族耀深海

如果说深海是一个丰饶的宝库，那么水下机器人就犹如人类打开深海之门的“钥匙”。我国水下机器人研制从20世纪七八十年代开始，首台水下机器人“海人一号”于1986年研制成功。

目前，中国已拥有以“蛟龙”号载人潜水器、“海龙”号无人有缆潜水器、“海马”号无人有缆潜水器和“潜龙”系列无人无缆潜水器为代表的大洋勘探“龙家族”。

越来越多的深海装备在我国大洋科考中投入使用。在“三龙”（蛟龙、海龙、潜龙）的基础上，我国还将增加用于深海钻探的“深龙”、用于深海开发的“鲲龙”、用于海洋数据云计算的“云龙”及用于在海面进行保障支撑的“龙宫”的研发与试验。

如果说深海是一个丰饶的宝库，那么潜水器就犹如人类打开深海之门的“钥匙”。然而，深海“钥匙”并非只有一把，而是针对不同的海洋环境衍生出多种形态。潜水器凝聚着人类科技发展的成果和探索未知的勇气。

勘探海底硫化物对图像的精度和分辨率要求很高。普通船载探测设备只能基本满足 200 米以内浅水域的要求，但对 4500 米这样的大深度只能“望洋兴叹”。如果一艘母船能搭载 4~5 个不同类型的潜水器，派出一个潜水器家族，那么其勘探精度和效率将大大提高。

潜水器家族包括载人潜水器（HOV）、遥控式无人有缆潜水器（ROV）和自治式无人无缆潜水器（AUV）。大名鼎鼎的“蛟龙”号就是载人潜水器。无人有缆潜水器是由操作人员通过被称为“脐带缆”的电缆在船上遥控潜水器在水下运行和工作的潜水设备。

什么是脐带缆呢？首先，水下设备要想运转，必须有能源。脐带缆具备电力供应功能，可以为水下设备提供源源不断的能量。因此，脐带缆就如同胎儿和母体之间最关键的连接，其作用相当于可以为胎儿提供营养的脐带。

无人有缆潜水器（ROV）的历史已有约半个世纪，其应用范围较为广泛，主要用于军事、海洋石油、打捞救生、海底管线埋设和检查、资源调查和科学研究、海洋渔业、养殖业、水库大坝检查、娱乐等。在潜水器家族中，无人有缆潜水器是目前应用最多、功能

最强大、技术最成熟的一种。

无人有缆潜水器受脐带缆限制，活动范围小，不能进入复杂结构物中；大深度下潜的电缆及水面支持设备庞大，制造成本不菲，且占用甲板空间大。无人无缆潜水器则是按照预先设定的程序自主完成海底作业，在潜水器家族中智能化程度最高。

无人无缆潜水器（AUV）近期发展迅猛。这种新型潜水器活动范围大、体积小、重量轻、机动灵活，而且造价和运行成本较低，占用甲板空间小，可独立于母船作业，降低了人的劳动强度，集群使用效率高。无人无缆潜水器活动范围大、停留时间长的特点使其“擅长”进行海底区域地形精细测量、拍照、摄像、水体参数测量等作业。

3 种类型的潜水器在探索深海大洋时均有用武之地。例如：全世界下潜次数最多的载人潜水器“阿尔文号”曾经在地中海 850 米深的海底找到一颗遗失的氢弹，又在大西洋中找到沉睡多年的“泰坦尼克号”残骸；日本研制的无人有缆潜水器“海沟号”1997 年在关岛附近成功地下潜到 10911 米深的马里亚纳海沟底部，科学家在它从海底采回的泥浆中发现 180 种微生物；而无人无缆潜水器的代表、号称“黑匣子搜索神器”的美军“蓝鳍金枪鱼号”，曾潜入南印度洋搜寻马航失联客机 MH370。

我国水下机器人的研制从 20 世纪七八十年代开始。首台水下机器人“海人一号”由中国科学院沈阳自动化研究所于 1986 年研制成功。目前，中国已拥有以“蛟龙”号载人潜水器、“海龙”号无人有缆潜水器、“海马”号无人有缆潜水器和“潜龙”系列无人无缆潜水器为代表的大洋勘探“龙家族”。

“海人一号”水下机器人

有“脐带”的“海龙”

20世纪末，我国深海资源调查工作面临从多金属结核向多资源转型的局面，但当时的调查设备主要是深海拖体、电视抓斗等粗放型装备，深海ROV等具备深海精细探测和取样能力的新型装备缺口较大。

为增强对深海资源特别是热液硫化物与深海生物资源的调查能力，打破西方国家对我国深海技术的封锁，中国大洋矿产资源研究开发协会于2001年委托上海交通大学水下工程研究所等研制深海观测和取样型ROV系统，即后来命名为“海龙”号的深海潜水器。

经过8年的艰苦研发，2008年，“海龙”号ROV研发成功并通过海试验收。2009年，“海龙”号在东太平洋鸟巢“黑烟囱”区应用成功，不仅发现了罕见的巨大“黑烟囱”，而且获取了大量声学和光学数据，并用机械手抓获约7千克“黑烟囱”喷口的硫化物样品。这标志着我国成为国际上少数能使用水下机器人开展洋中脊热液调查和取样研究的国家之一，我国深海ROV技术完成了从无到有的重要突破。

“海龙”号

“海龙”号于2009年正式服役，在实际使用过程中发挥了重要作用，但也暴露出一些不足，如系统的国产化率较低、海上应用的安全性和效率有待提高等。因此，上海交通大学从2010年起持续对“海龙”号开展工程化改造和升级定型工作。新的“海龙Ⅱ”型ROV于2012年通过验收。“海龙Ⅱ”不仅系统国产化率和可靠性大大提高，而且自主发展出双模式布放、虚拟监控、悬停定位、主动升沉补偿等技术，还配套了丰富的作业工具包，海上作业安全性和作业效率得到明显提高。

“海龙Ⅱ”下潜深度可达3500米，主要用于大洋海底调查活动。它的外观有些像机器人“瓦力”，四四方方，貌不惊人。“海龙Ⅱ”长3.17米、宽1.81米、重3.45吨，靠一根脐带缆与母船相连。在水下工作的时候，它可以把“看到的”“听到的”“摸到的”信息通过脐带缆传回水面上的母船。船上的操作人员也可以通过脐带缆发布指令，控制“海

龙 II”在水下的一举一动。

“海龙 II”

“海龙 II”有 4 个推进器，就像一条用 4 个鳍游泳的鱼，能实现快速下沉、上升和侧向移动，拥有较高的灵活性。它的纵向移动速度达到 3.2 节（1 节 =1.852 千米 / 小时），侧向移动速度为 2.5 节，这在国际上是较为领先的。

“海龙 II”配备了 5 台多功能摄像机和 1 台静物照相机，并装有 6 个泛光照明灯和 2 个高亮度 HID 灯（氙气灯），能让我们在漆黑的海底“观看”到更加清晰的画面。

“海龙 II”装有“定海神针”，即国外无人遥控潜水器很少有的重力定位系统。它能让潜水器在深海中稳定地用机械手取样。“海龙 II”配备的虚拟监控系统则是“火眼金睛”，能将漆黑海底的地貌用三维虚拟图像显示出来，让操作人员一目了然。由于安装了张力监控系统，并在绞车上增加了升沉补偿系统，该潜水器的脐带缆十分牢固，很难出现断裂。

“海龙 II”可以完成包括海底热液矿物取样、大洋深海生物基因和极端微生物的研究及探索生命起源等深潜任务，也可用于海洋石油工程服务、水下管道和电缆检测维修等多种水下作业。“海龙 II”目前最大下潜深度为 3500 米，参与发现了 1 万平方千米的矿区。

“海龙 II”型 ROV 的投入使用使我国深海 ROV 技术跨入工程实用阶段，深海 ROV 技术体系基本形成。“海龙 II”型 ROV 在大洋 26 航次、大洋 30 航次、大洋 31 航次等多个航次取得丰硕成果，并获得 2012 年国家科技进步二等奖、2011 年中国高校十大科技进展和上海国际工业博览会创新奖等奖项。

黄坦克“海龙III”

2018年4月,“海龙”家族又添新丁,取名为“海龙III”。“海龙III”看上去像一台黄色的小坦克。它重达5吨,长3.2米、宽1.9米、高2.1米,最大下潜深度为6000米,具备4个水平推力器和3个垂向推力器,最大前进或后退速度为3.2节。

“海龙III”

“海龙III”型ROV是在“海龙II”型ROV的基础上研发的新一代通用作业型ROV,设计作业深度达6000米,主轴功率为160马力,是当时国际上仅有的几台超深水重作业型ROV之一。

“海龙III”于2015年开始研制,2017年4月完成海试验收。除了深度和功率的提升,“海龙III”还发展了4000V变频送电和动力自动分配、惯性/DVL(声学多普勒速度仪)/USBL(超短基线定位系统)组合导航、强干扰下精细控位、自主巡线实现精细搜索与探测及与自主升降机和水下钻机等设备的协同作业等多项新的技术。

“海龙III”比“海龙II”更具有“自我意识”。它能自动定向、自动定深、自动定高,在深海中做到“我的地盘我做主”。“海龙III”还有“大海捞针”的本领:在悬停定位的同时,

具备在强干扰环境下的精确作业能力，支持海底精细探测。

“海龙 III”“才艺”出众：搭载了前视声呐等特种工具，具备自动避让障碍物的能力；拥有两只“铁臂”，一只是七功能主从式机械手，另一只是五功能开关式机械手，并新添岩石切割取样器、沉积物保压取样器、沉积物取样器等工具；预留的各路液压电气接口能够支持搭载多种类型的调查取样设备；装备的 11 个高清摄像头满足深海观测、拍摄像功能，可谓“十八般武艺样样精通”。

“海龙 III”集控室内场景

6000 米是深水和超深水在水深上的界限。“海龙 III”的实际功率达到 170 马力，而超过 150 马力的潜水器就叫作“重作业型潜水器”。所以，它又被称为“超深水重作业型无人遥控潜水器”。“海龙 III”可以在国际大部分海域面向多种资源开展局域或长距离精细调查，支持岩心取样、规模取样等重载作业，尤其在深海精细探测、协同作业方面取得重要进步。“海龙 III”装备国产化率超过 90%，整体技术处于国际先进水平。

2018 年 8 月 20 日至 26 日，“海龙 III”无人遥控潜水器在西北太平洋海山区成功实施 5 次深海下潜，最大下潜深度达 4200 米，共完成 22 次坐底、36 次悬停观测，累计进行近底观测作业 16 个小时，采集到结壳和结核样品及海绵、海百合、红珊瑚等 6 类生物样品，成功开展了该区域典型海山环境调查任务。

2019 年 4 月 9 日，“海龙 III”从印度洋底带回许多样品，包括印度洋新茗荷、鳞脚螺、宙斯盾巨佩托螺 …… 每一个样品的取得都让中国科学家对深海的了解更进一步。

“海龙 III”性能状态稳定、作业模式成熟、取样手段丰富、本体操控娴熟，能够适应多种水深和地形环境，具备了在全球 60% 的海域开展科学考察活动的能力。该装备已经参加了大洋 48 航次、大洋 52 航次、大洋 56 航次的科考活动。

创纪录的“海龙11000”

“海龙 11000”和“海龙 IVE”型深海电动 ROV 是“海龙”系列的最新成员。

“海龙 11000”具有 6000~7000 米有缆作业和 11000 米全海深光纤微细缆作业两种模式，配备声学、光学和化学探测系统，携带七功能机械手和多种作业工具，具备水下自主航行探测能力。

“海龙 IVE”型 ROV 是新一代高效电动作业型 ROV，作业深度为 4000~6000 米，作业功率为 35~75 千瓦。“海龙 11000”和“海龙 IVE”的加入使“海龙”号形成一个完整的深海 ROV 装备系列，进一步拓展了“海龙”ROV 的作业能力，使之成为我国大洋调查的主力装备。

2018 年 9 月，我国自主研发的“海龙 11000”无人有缆潜水器在西北太平洋海山区完成 6000 米级大深度试潜，最大下潜深度达 5630 米，创下我国无人有缆潜水器深潜纪录。

在中国大洋 48 航次的这次深潜中，“海龙 11000”利用机械手近底布放了标识物，开展了 4 个小时的近底高清观测，完成了 5 次共 320 米的船舶—无人有缆潜水器联动移位，累计水下工作时长为 13 个小时。“海龙 11000”具备良好的深海观测、探测能力，支持在大洋科考船上常用的万米铠装缆上的应用。

“海龙 11000”

深海之鱼——“潜龙三兄弟”

我国无人无缆潜水器(AUV)的研究工作始于20世纪80年代。在国家“863”计划、中国科学院、中国大洋协会的大力支持下，至90年代初，中国科学院沈阳自动化研究所、中国船舶重工集团公司第702所等单位研制出“探索者”号AUV，它在南海成功地下潜到1000米的深度。

20世纪90年代中期，国内成功研制了“CR-01”6000米AUV，并于1995年和1997年两次在东太平洋下潜到5270米的洋底，为我国在国际海底区域成功圈定多金属结核区提供了重要科学依据。随后，中国科学院沈阳自动化研究所联合国内优势单位研制成功“CR-02”6000米AUV。该AUV的垂直和水平调控能力、实时避障能力相较于“CR-01”均显著提高,并可绘制海底微地形地貌图。

“CR-01”6000米AUV

“CR-02”6000米AUV

进入21世纪,国内多家单位在大深度AUV技术的基础上开展了长航程AUV的研究工作,并取得技术突破,解决了长航程AUV涉及的大容量能源技术、导航技术、自主控制技术、可靠性技术等关键问题。

中国科学院沈阳自动化研究所研制的长航程AUV最大航行距离可达数百千米,目前已作为定型产品投入生产和应用。此外,近几年哈尔滨工程大学、中国船舶重工集团公司、西北工业大学等也开展了长航程潜水器的研究工作。

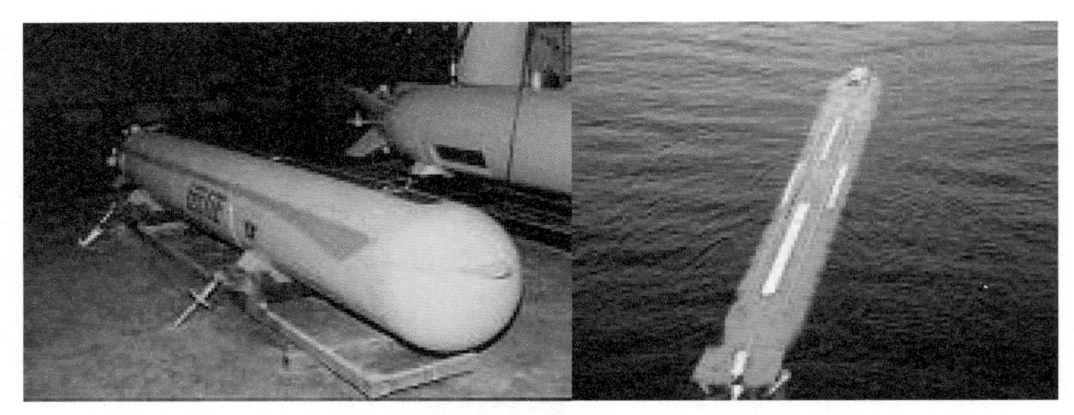

中国科学院沈阳自动化研究所研制的长航程 AUV

“十二五”期间，在中国大洋协会的支持下，由中国科学院沈阳自动化研究所总体负责，联合中国科学院声学研究所、哈尔滨工程大学、自然资源部第二海洋研究所、北海标准计量中心等单位，完成了对“CR-02”6000 米 AUV 的改造，打造出一款更具实用性的 6000 米 AUV—— “潜龙一号”，展示了我国深海 AUV 的最高水平。

“潜龙一号”入水。

“潜龙一号”课题于 2011 年 11 月正式启动，2012 年 12 月完成潜水器本体、水面支持系统的研制及组装调试，2013 年 3 月完成湖上试验和湖试验收，潜水器本体正式由中国大洋协会命名为“潜龙一号”。

“潜龙一号”浑身呈橘红色，长 4.6 米、重 1.5 吨，直径为 0.8 米，像是一枚匀称的鱼雷。“潜龙一号”的瘦长体形被称为“回转体”，这种设计比较适合较为平坦的海底地形。它以太平洋底多金属结核调查为主要任务，兼顾其他多种深海资源的勘探和开发需求，

为海洋科学研究及资源开发提供数据。它的最大工作水深为6000米，巡航速度为2节，最大续航能力为30小时，配有浅地层剖面仪等探测设备，可完成海底微地形地貌精细探测、底质判断、海底水文参数测量和海底多金属结核丰度测定等任务。

“潜龙一号”

2013年4月，“潜龙一号”在南海开展了初步海上试验，10月结合中国大洋29航次任务，首次开展应用性试验工作。2014年4—5月，“潜龙一号”随“海洋六号”船在中国南海参加了大洋32航次前的综合试航，对大洋29航次应用性试验中存在的问题所采取的解决措施进行了实航验证。2014年8—9月，“潜龙一号”结合大洋32航次任务，首次开展试验性应用。2015年4月，“潜龙一号”结合大洋36航次综合试航同步完成了海试验收工作。2015年7月11日，“潜龙一号”通过课题组整体验收，成为我国自主研制的首个6000米水下无人无缆潜水器。

“潜龙一号”搭乘“海洋六号”船在南海进行首次海上试验时，最大下潜深度达到了4159米，获得了海底地形地貌等一批探测数据，设备布放与回收成功率达到100%。

在国家“863”计划的支持下，中国科学院沈阳自动化研究所为中国大洋协会继续研发了4500米级深海资源自主勘查系统“潜龙二号”，主要用于探测深海热液及多金属硫化物。中国科学院沈阳自动化研究所研究员、“潜龙”系列AUV总设计师刘健主持研制“潜龙二号”，中国科学院沈阳自动化研究所高级工程师许以军任“潜龙二号”副总设计师。

“潜龙二号”看起来就像一条热带鱼，长3.5米、高1.5米、重1.5吨，扁扁的身子通体鲜黄，被亲切地称为“黄胖鱼”。“潜龙二号”奇特的模样有利于减少垂直面的阻力，便于它在复杂海底地形中垂直爬升，更适应西南印度洋中国多金属硫化物勘探合同区复杂的海底地形。

“潜龙二号”出水。

下潜前，科研人员会在“黄胖鱼”的“大脑”中植入参数和使命配置程序，然后用吊车将其放到水中，之后解除吊车和潜水器之间的联系，使“黄胖鱼”下潜到指定区域。“黄胖鱼”身上还像“蛟龙”号一样安装了压载铁，入水后它依靠自身重力下潜。到预定深度后，它会自动抛掉一部分压载铁，开始在海底巡游。完成任务后，它会再次抛掉一部分压载铁，开始自动上浮。最后，工作人员通过遥控挂钩或抛绳等方式将它回收到母船。

“黄胖鱼”到达海底后非常忙碌。它的“眼睛”和“鼻子”格外敏锐，4只“鳍”也在卖力“摆动”，帮助它在海底灵活穿梭和“探宝”。

“黄胖鱼”的“智商”很高，自动性能很好。比如：当发现自己“身体”出现故障时，如果不影响作业，它就会坚持到底；如果感到“大事不妙”，不能再继续水下作业，它就会自动结束作业上浮返回。

“眼睛”是指“潜龙二号”的声呐。其中，前视声呐是一台避碰控制设备，可以将潜水器采集的声学数据转化为图像，用以识别障碍物，随后通过自主转动和躲避保障机体安全和任务正常进行。两侧的测深侧扫声呐则会沿着规划好的线路在海底来回扫描，一刻不停地搜集地形地貌数据，并进行实时信号处理。

“鼻子”是安装在“潜龙二号”末端的磁力探测仪。这是用来寻找金属硫化物的，可谓探海的一大“秘密武器”。在海底，有些多金属硫化物区的热液已经不再喷发，因此传统的羽状流探测系统难以发现目标，而磁力探测仪却能探测出热液区的磁异常。近底磁测数据还反映出多金属硫化物矿区的三维结构及矿区储量。装备了磁力探测仪的“潜龙二号”就像嗅觉灵敏的猎犬一样，能第一时间“嗅”出矿藏的位置。

“黄胖鱼”的 4 只“鳍”其实就是 4 个可旋转舵推进器，可以让其灵活地前进、后退、旋转，在海底“翻山越岭”。作为深海“游客”，“黄胖鱼”自带高清相机等拍照设备，每隔 7 秒钟就能在“ 伸手不见五指”的海底拍摄一张照片，供科学家分析、研究。

海底硫化物

相比鱼雷造型的“潜龙一号”，“潜龙二号”就像一条深海大黄鱼，能更好地在复杂地形中潜泳。它除了能探测多金属硫化物，还能探测多金属结壳，获得同时间、同位置的声学微地貌、温盐深、浊度、甲烷、氧化还原电位、磁力等多种数据，进而圈定矿化区。在电池支撑下，“潜龙二号”可工作 30 多个小时。

目前，“潜龙二号”已经通过验收，连续 3 年参加了大洋 40 航次、大洋 43 航次、大洋 49 航次的多金属硫化物资源调查，累计工作时间达 666.1 小时，水下探测航程约为 1866 千米，获得了约 617 平方千米的高分辨率深海近底磁测数据，发现多处热液异常点，拍摄了大量高清晰度近底照片，为该海域海底矿区资源评估奠定了科学基础。事实证明，无人无缆潜水器是进行硫化物矿区资源探测重要且有效的深海装备。

2018 年 4 月亮相的“潜龙三号”是“潜龙二号”的“胞弟”，外观设计酷似小丑鱼。橘红色的“潜龙三号”是“潜龙二号”的优化升级版，因此功能更强大。

4500 米级无人无缆潜水器“潜龙三号”以深海复杂地形条件下的资源环境勘查为主要应用方向。它可以用“嘴”内的前视声呐感知前方障碍物，用“肚皮”下的高度计感知距海底的距离。它的“眼睛”里藏着一个槽道推进器，可以辅助自身左右转向。同时，“小丑鱼”身上还长着“鱼鳍”—— 水平舵和垂直舵，保证了“潜龙三号”可以自由自在地在海里遨游，完成上浮下潜、左右转向、前进后退等多种动作。

“潜龙三号”

在“潜龙五兄弟”中，“潜龙三号”的国产化程度更高。其中，惯性导航传感器及组合导航系统（惯导系统）、高清照相机等核心部件由进口改为国产。惯导系统是“潜龙

三号”的“电子地图”，它能依靠惯导系统计算自己所处的位置，还可以将自身状态信息通过背部的声通信系统发送给母船。如果它的位置有偏差，还会“虚心”接受母船发来的准确位置信息并进行修正，按照设计好的“使命”完成任务。“潜龙三号”降低了各设备的功耗，最长工作时间从“潜龙二号”的30多个小时提高到40多个小时，系统噪声更低、效率更高、抗流能力更强，声学成像质量得到提高。

“潜龙三号”的研制过程也经历了一段不短的时间。

该项目于2016年9月29日正式通过中国大洋协会办公室组织的实施方案评审，于2017年5月3日正式通过详细设计评审工作，于2017年10月13日完成出所检测及湖试大纲评审，于2017年10月18日—11月18日完成湖上试验测试与考核验证，于2018年4月15日—5月3日参加2018“大洋一号”船综合海试B航段海试，完成南海海试及试验性应用。2018年4月23日，“潜龙三号”以高分通过海上试验现场验收。

2018年4月24—28日，“潜龙三号”分别在天然气水合物区、多金属结核试采区和环境参照区3个试验区进行了试验性应用探测，获得大量微地形地貌数据、水体参数数据及海底照片，全部探测数据均完整有效，圆满完成任务。

2018年12月10日，“潜龙三号”搭乘“大洋一号”船赴南大西洋首次正式执行大洋52航次科考任务，参加第二航段、第四航段科考。“潜龙三号”在大西洋中脊成功开展了热液硫化物活动特征及热液区生态环境综合调查，在8个潜次应用中获取了大量有效、精细的探测数据，取得多项创新性成果，为该区域的海底热液活动及生态环境综合调查提供了重要参考依据。

在大洋52航次中，“潜龙三号”实现了我国自主无人潜水器的首次大西洋科考应用。南大西洋中脊是慢速扩张洋中脊，所处海底环境复杂。“潜龙三号”先后完成8个区域的声学测线探测作业任务，其中3个区域为新生火山区，3个区域为拆离断层及大洋核杂岩石区，另外2个区域为中央裂谷壁区。在如此复杂的环境下，“潜龙三号”顺利完成探测作业任务，进一步证明了其具有良好的机动性和环境适应性。

“潜龙三号”单航段和单潜次的总航程与探测面积均创纪录。潜水器整体表现良好，性能稳定可靠。“潜龙三号”水下工作时间累计超过360小时，总航程超过1100千米，总探测面积超过420平方千米；单潜次最大工作时间达48小时，航程超过150千米，探测面积近60平方千米。

“潜龙三号”与船载装备实现了“点、线、面”协同作业。“大洋一号”船光缆绞车同步下放深海摄像或深海电法设备进行测线调查，或下放电视抓斗进行取样调查。这种创新性作业模式可在调查区一次性获取包括近海底水体化学异常、海底岩石电磁异常、高精度地形地貌及海底取样等多类综合调查资料，实现了“潜龙三号”与船载装备“点、线、面”协同作业，大大提高了母船作业效率。

光缆绞车下放“潜龙三号”。

“潜龙三号”首次采用了无人值守探测作业新模式。传统深海潜水器作业时，需要母船在附近监测潜水器的航行状态，便于监控与决策潜水器下一步工作，同时保障潜水器安全。科考队尝试性地采用无人值守作业新模式。在“潜龙三号”进入近底巡航作业状态后，母船驶离至另一作业区域进行其他作业，不再监控潜水器。待潜水器结束使命后，母船再返回潜水器上浮点回收。潜水器作业期间，母船获得解放，可实现对同一个或不同调查区域同时获取潜水器和船载设备综合调查资料，科考作业效率得到成倍提高。

“潜龙三号”在第四航段还开展了我国西南印度洋多金属硫化物区的热液异常调查。“潜龙三号”在天气恶劣、海况复杂的情况下，在西南印度洋 51 号、39 号和 40 号区

块内成功开展了两个潜次的 AUV 调查，累计水下工作时间约达 78 小时，水下探测作业时间约达 73 小时，总航程约为 201 千米，最大下潜深度达 3309.8 米，声学探测测线长度约为 182 千米，全覆盖探测总面积约为 72 平方千米，光学探测测线长约 0.8 千米，拍摄高清照片 585 张。科学家通过对探测数据的分析认为，“潜龙三号”在 40 号区块发现明显的热液活动，初步判断那是一处新的矿化异常区，这将为后续工作奠定基础。另外，AUV 成功外挂搭载了水听器设备（左右各一个）和自然电位传感器（一主机 5 个探头），并获得宝贵数据，为潜水器本体技术及后续调查应用提供了数据依据和应用参考。

“潜龙三号”入水瞬间

“潜龙三号”圆满完成大洋 52 航次科考任务，获取大量有效、精细的探测数据，实现“点、线、面”协同作业，成功探索无人值守作业新模式。上述创新性成果得益于“潜龙三号”技术装备的先进性、稳定性和可靠性，标志着我国自主研发的潜水器技术已跻身世界先进行列，我国的自主勘查技术迈上了一个新台阶，为我国开展深海进入、深海勘探、深海开发等提供了稳定、可靠、有效的技术装备保障。

2019 年 4 月 24 日，“潜龙三号”完成了南海试验性应用第一潜。此前，“潜龙三号”于 4 月 22 日进行了海试第二潜，创下了我国自主潜水器深海航程最远纪录 —— 航行时长达 42 小时 48 分钟，航程达 156.82 千米，并以高分通过现场专家组验收。

通过十几年的研究，国内的 AUV 技术已经取得一定的进展和突破，特别是在作业水深、长航程技术、控制及导航技术方面已经达到国际先进水平。

如今，越来越多的深海装备在我国大洋科考中投入使用。在“三龙”的基础上，我国还将增加用于深海钻探的“深龙”、用于深海开发的“鲲龙”、用于海洋数据云计算的“云龙”及用于在海面进行保障支撑的“龙宫”的研发与试验。

在科学探索中，成功也会伴随着失败。2016 年夏天，中国自主研制的“海斗”号无人潜水器在马里亚纳海沟成功下潜，最大下潜深度达 10767 米，使中国成为继日、美两国之后第三个拥有研制万米级无人潜水器能力的国家。遗憾的是，“海斗”号后来在深海作业时失踪，而 4500 米级无人有缆潜水器“海龙一号”也在作业时消失在茫茫大洋深处。日本万米级无人潜水器“海沟号”和美国万米级无人潜水器“海神号”同样被列入这份“失踪潜水器”名单。它们都曾为人类探索深海作出过巨大贡献。

“海斗”号

第八章　水下滑翔机

水下滑翔机在新兴的全球海洋观测系统中发挥着重要作用。作为一种有效的新兴海洋探索平台，水下滑翔机可在深远海和大陆架等独特海洋环境中进行重复调查，具有操作灵活、可多机协作观测等特性，在精细化、密集型海洋观测中具有广阔的应用前景。

我国水下滑翔机技术的研究始于21世纪初，虽然起步较晚，但在水下滑翔机单机相关技术方面发展迅速。

在国外技术封锁的情况下，我国经过十余年自主攻关，突破了多项关键技术，研发了具有自主知识产权的“海翼”和“海燕”系列水下滑翔机。针对不同的海上观测任务需求，我国拥有了从200米级到10000米级等多种型号的水下滑翔机。这些水下滑翔机可搭载不同传感器产品，在海洋观测、海洋生物、海洋化学及资源勘探等领域一显身手，在海洋探测和海洋安全保障领域也有重要应用。

水下滑翔机是一种新型的水下机器人，具有能耗小、效率高、续航力强（可达上千千米）、成本低等特点，可满足长时间、大范围的海洋调查需要，能详细搜集相关海域的温度、盐度、深度、海流、海底地形等信息。

世界上首台水下滑翔机诞生于 1991 年。海洋环境和资源探测的需求使水下机器人的活动能力必须从定点扩展到大范围，从浅海到深海，从短时到全天候，而水下滑翔机就是实现这些目标的有效手段。

屡破纪录的“海翼”号

“海翼”号水下滑翔机（俞建成供图）

从 20 世纪末至今，美国、日本等发达国家研制出以电池或太阳能为动力来源的水下滑翔机。在国外技术封锁的情况下，中国科学院沈阳自动化研究所研制出了具有完全自主知识产权的“海翼”号水下滑翔机。目前，针对不同的海上观测任务需求，“海翼”

号已经拥有了 300 米级、1000 米级和 7000 米级等多种型号，并可搭载不同传感器，在海洋观测、海洋生物、海洋化学及资源勘探等领域一显身手。

“海翼”号拥有圆圆的头和筒状修长的体形，前部长着一对“翅膀”，后面拖着一条避雷针似的细长“尾巴”，就像一个简单的鱼雷模型。但是，它看似“呆萌”的外表下集成了壳体、浮力机构、控制、传感器、水声通信、导航及发射回收等诸多关键技术，具有不靠螺旋桨自我驱动的“绝活儿”。2017 年 3 月，在马里亚纳海沟的最深处 —— 挑战者深渊，中国水下滑翔机“海翼”号成功下潜至 6329 米，一举打破了此前由西方国家保持的 6003 米的水下滑翔机下潜深度世界纪录。

水下滑翔机下水。

从科研成就来说，“海翼”号水下滑翔机从 2007 年开始研制，到 2017 年 3 月打破世界纪录，历经 10 年攻坚，通过数次型号更迭，终于逆袭而起，打破了西方国家的优势。2017 年，“海翼”号共完成 23 台次应用，安全回收率达 100%，海上观测总距离达 12600 余千米，创造了一个又一个纪录：7 月，12 台“海翼”号水下滑翔机在南海实现了我国最大规模的集群观测应用；10 月，“海翼 1000”系列水下滑翔机无故障连续工作 91 天，创造我国水下滑翔机工作时间最长、航行距离最大、观测剖面数最多的纪录。

“海翼”号装配有类似于鱼鳔的油囊和可以前后移动的电池。下潜时，“鱼鳔”排油，体积缩小，浮力减小，同时电池向前移动使整体重心前移，这样“海翼”就能头朝前下方进行滑翔。上浮时则相反，“鱼鳔”吸油增大，浮力加大，同时电池后移，机体便向前上

方行进。也就是说,它们在水下并不是走直线,而是像海豚一样沿着 W 形的轨迹航行。这种驱动方式只在调节“鱼鳔”大小和电池位置时耗费少许电量,所以续航能力非常强。

停放在甲板上的“海翼”号水下滑翔机

水下滑翔机需要在数千米深的水下作业,水越深压力就越大,可谓“压力山大”。例如:水下 6000 米处,一块巴掌大的地方就要承受相当于 60 吨重物体的压力。为避免被压成“馅饼”,“海翼”号必须采用足够坚硬的外壳,但外壳又不能太厚重,不然会增加重量,还会挤占电池的空间,削弱整体运动能力。要同时满足这两个条件,研发人员面临的技术难题可想而知。经过多次实验,科学家们终于找到了一种轻质的碳纤维材料来做外壳,不仅为“海翼”穿上了“铁布衫”,还成功实现“瘦身”,为携带更多电池提供了空间。让人吃惊的是,潜入马里亚纳海沟的 7000 米级“海翼”号身长 3.3 米,翼展 1.5 米,“体重”却只有 140 千克。

在水下,“海翼”的最快航速不超过 1 节,它可以做锯齿形和螺旋回转轨迹的航行。它每完成一个浮沉循环,就会浮上水面发出无线电信号,传回搜集的海底数据,进行导航定位并校正自身航向。这是怎么做到的呢?原来,“海翼”们的圆锥“脑袋”里装有一台台传感器,可测量海水的温度、盐度、浊度、叶绿素含量、含氧量等信息。这些信息会通过天线——“海翼”们细长的“尾巴”传送给卫星。

2018 年 10 月 16 日,我国自主研发的“海翼”号水下滑翔机又一次到访马里亚纳海

沟挑战者深渊，并顺利完成各项科考任务。在这次调查中，科考队利用两台“海翼”号7000米级水下滑翔机分别针对马里亚纳深渊区域5500米等深线、7000米等深线内的两条科学测线进行观测，连续作业46天，最大下潜深度达7076米。“海翼”号由此成为目前世界上下潜深度超过7000米次数最多，也是唯一一款能长时间连续稳定工作的深渊级水下滑翔机。特别是在“山竹”“康妮”等超强台风的袭扰下，“海翼”号仍能正常连续工作，充分表明该设备的高可靠性与强环境适应能力。

明星产品“海燕”

技术人员检测等待下潜的“海燕”号水下滑翔机。

面对我国深远海装备对小型化水下航行器的迫切需求，天津大学从混合驱动水下航行器基础理论、技术攻关、设计制造、系统集成等4个方面开展研究，成功研制出混合驱动水下航行器“海燕”号水下滑翔机，打破了国外技术垄断，并在2016年获得国家技术发明二等奖。

“海燕”形似鱼雷，长2.3米（不含天线）、重约78千克，直径为0.22米，身材可谓十分“苗条”。“海燕”内有海洋温差能驱动装置，能实现水下滑翔机复合能源系统弱温差

可靠驱动；外有近中性耐压壳体，能实现复杂海洋环境下大深度平稳滑翔运动，可持续不间断工作30天左右，具备全天候独立在水下工作的能力。

“海燕”号水下滑翔机还融合了浮力驱动与螺旋桨推进技术，不但能完成转弯、水平运动，且具备传统水下滑翔机剖面滑翔的能力，能够做“之”字形锯齿状运动。经过不断的技术完善和数十次海试，科研团队完成了“海燕”号的设计定型，并在海洋科学方面开展了大量应用。“海燕”号的横空出世不仅使我国能够得到更深层次海域的剖面数据，还一举打破了发达国家对于此类设备的技术封锁，让我国有了自己的水下滑翔机集群。

“海燕”号水下滑翔机

2005年，天津大学研发团队研制出第一代温差能驱动水下滑翔机，工作深度为100米。2009年，第二代混合推进型水下滑翔机研制成功，工作深度为500米。研发团队给它取名“海燕”，寓意“身轻如燕、饱经风雨”。

2014年春，“海燕”参加了规范化海上试验中期评估，在南海北部水深大于1500米的海域通过测试，创造了当时中国水下滑翔机无故障航程最远、时间最长、剖面运动最多、工作深度最大等诸多纪录。

2016年，“海燕”项目组获国家重点研发计划“深海关键技术与装备”专项支持，开展“长航程水下滑翔机研制与海试应用”研究。

2017年8月8日，在距离海岸线300多千米的南海北部，“海燕”号水下滑翔机顺利下水，标志着世界上持续时间最长、投放设备类型最多、覆盖海域最广的一次针对海

洋“中尺度涡”的海洋立体综合观测网的构建完成阶段性任务。这次观测覆盖了“大气—海水界面”至4200米水深范围的14万平方千米海区。以天津大学研制的“海燕”号水下滑翔机为代表的30余台套新型海洋设备均为我国自主研发，充分展示了我国高端海洋观测装备的研发能力与水平。

与传统海洋设备相比，“海燕”可搭载温度、盐度、海洋生化、湍流、海流剖面仪等多种传感器进行连续剖面观测，数据采集的密集优势较为突出。同时，“海燕”连续运行时间可超过1个月，航程超过1000千米，且具有较高的机动性，能连续跟踪涡旋，这是以往固定观测所不可企及的。

正在下潜的“海燕”

截至2018年，“海燕”团队已经开发了200米、1500米、4000米和10000米等不同深度谱系的水下滑翔机产品，为前往马里亚纳海域进行海试做了充足的准备。

2018年4月，“向阳红18”船搭载31套我国具有完全自主知识产权的“海燕-4000”米级水下滑翔机和“海燕-10000”米级水下滑翔机等设备奔赴马里亚纳海沟。该航次共完成18个剖面的下潜观测，最大工作深度达到8213米，刷新了水下滑翔机下潜深度的世界纪录，并获得大量宝贵的深海观测数据，顺利通过海上测试。

“海燕-10000”是天津大学“海燕”号水下滑翔机工作深度谱系中的重要一员。它突破了万米大容量浮力调节、双驱动姿态控制、万米冗余保护设计等关键技术，设计工作深度近10000米。“海燕-10000”水下滑翔机的成功海试大幅提升了水下滑翔机最

大下潜深度的世界纪录，将水下滑翔机观测能力从6000米提升至8000米，为我国深渊科学研究和深海观测新添水下滑翔机这一深海高技术装备，标志着国产水下滑翔机深潜技术达到了国际领先水平。

2018年6月起，“海燕–L”长航程水下滑翔机在我国南海海域无故障运行141天，获得连续剖面数734个，续航里程达3619.6千米，刷新了此前保持的多项国家纪录。国际上，水下滑翔机在试验中“跑丢”的先例并不罕见，而找回它们则是真正的“大海捞针”。为避免“海燕”迷途，天津大学团队自创了一套算法，可以在水下滑翔机失联数小时内计算其可能出现的位置。虽然这套算法在回收率达100%的“海燕”身上尚未有实践机会，却在一次工作中“意外”地找回了其他团队的潜航器。

海水中的“海燕”

“海燕”凭借灵活小巧的身姿可以较长时间地跟随海洋动物，获取数据，还能通过扩展搭载声学、光学等专业仪器，成为海底的“变形金刚”，在海洋观测和探测领域大显身手。中国海洋学会、中国太平洋学会等曾评选出“中国海洋十大科技进展”，“海燕”号水下滑翔机位列其中。截至2019年7月22日，谱系化“海燕”水下滑翔机海上观测距离已累计达53311千米，获得16513条精细化剖面数据。

2020年7月，由青岛海洋科学与技术试点国家实验室组织实施的“海燕–X”水下滑翔机万米深渊观测科学考察航次顺利结束，“海燕–X”最大下潜深度达10619米，刷新了由其保持的水下滑翔机下潜深度8213米的世界纪录。

由青岛海洋科学与技术试点国家实验室海洋观测与探测联合实验室（天津大学部分）研发的2台万米级“海燕–X”水下滑翔机在本航次开展了连续5天的综合调查，共

获得观测剖面 45 个，其中万米级剖面有 3 个，“海燕 –X”的下潜深度分别为 10245 米、10347 米和 10619 米。

“海燕 –X”

科研人员表示：连续获得万米深度滑翔剖面充分验证了“海燕 –X”水下滑翔机在深渊环境下的工作可靠性，以及超高压浮力精准驱动、轻型陶瓷复合耐压壳体、多传感协同控制等万米水下滑翔机关键技术的成熟度，标志着我国在万米水下滑翔机关键技术方面取得重大突破。

谱系化“海燕”水下滑翔机各项指标

谱系类型	第一代	“海燕”	“海燕”	“海燕 –200”	“海燕 –4000”	“海燕 –L”	“海燕 –X”
外观							
设计深度（米）	100	500	1500	200	4000	1000	10000
最大航速（米 / 秒）	0.15	0.5（滑翔） 2.0（推进）	0.5（滑翔） 1.8（推进）	0.75	0.5	0.75	0.25
续航时间（天）	30	原理样机	45	30	30	120	10
设计航程（千米）	原理样机	原理样机	1500	1000	1000	3000	1000
重量（千克）	52	126	70	65	160	＜100	400
能源	温差能驱动	温电混合	温电混合	一次锂电池	一次锂电池	一次锂电池	一次锂电池
任务传感器	CTD	CTD	标配 CTD，选配单点流速计、ADCP，湍流传感器、叶绿素 / 浊度，背景场水听器，溶解氧等光学、声学和生化传感器				CTD

第九章　极地“探索”机器人

南北极部分海域长年被海冰覆盖。传统的海冰考察方法不仅效率较低，获得的数据也很有限。水下机器人可在不受海冰影响的情况下观测海冰特征、冰下水文、环境和生物等，从而获得大量有效的数据。

早在20世纪80年代，许多发达国家就开始研发极地考察水下机器人。2003年，我国第二次北极科学考察期间，考察队员首次利用“海极”号遥控水下机器人探测海洋环境。

未来，极地考察水下机器人将向多功能、多用途、可重组的复合能力方向发展，必将进一步提高我国极地科学考察能力。

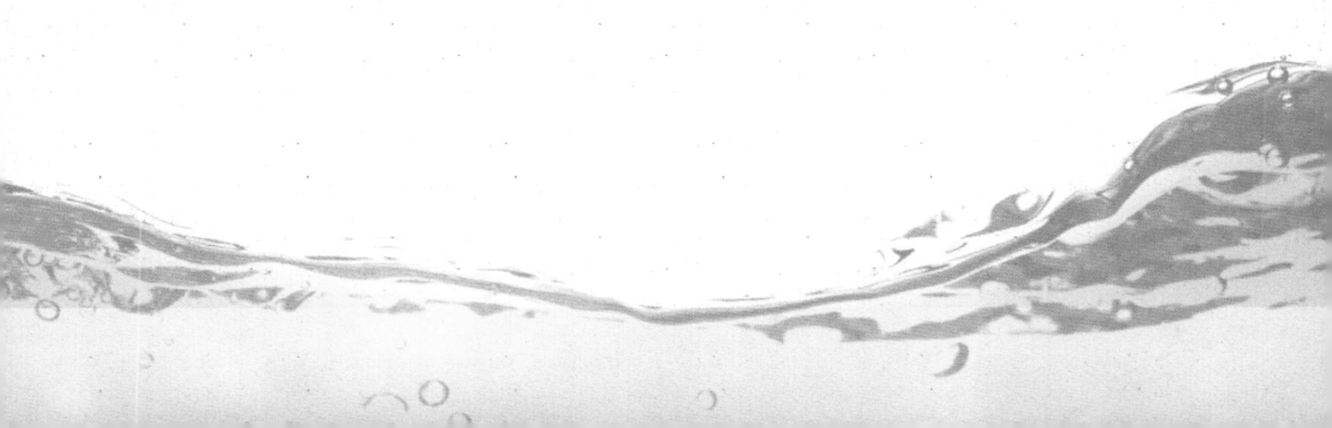

2018 年 7 月，中国第九次北极科考队成功布放“海翼”号用于测量白令海的温度、盐度和深度等数据。这是我国自主研发的水下滑翔机首次应用于中国北极科考。水下机器人当然不仅仅在北极冰潜，南极海域也是它们施展本领的舞台。

2019 年 1 月 7 日 14 时 30 分，我国极地考察船“雪龙”号伸展着粗壮的红色吊臂，在南极罗斯海投放了一枚形如鱼雷的科学仪器。这枚橘红色“鱼雷”钻入水中约 4 小时后，从 60 米深处返回海面，完成了一次航程达 3.5 千米的水下漫游。这是我国极地科学考察首次采用无人自主水下机器人探测南极海洋环境。

“探索 1000”

这台能在水下自主航行的海洋仪器名叫“探索 1000”。它最大的特点是没有电缆，主要依靠电池提供能源。为了便于“潜游”，它的外观被设计成流线型。水下机器人在南极应用要面临诸多挑战。极地是高寒、高纬度地区，水下机器人不仅要经受低温考验，而且由于受地磁场影响，磁罗经设备可能会失灵，因此需要更精确的导航控制。

在以往的调查应用中，“探索 1000”已经具备了在极端环境下独立作业的能力，选用的主要元器件满足 −10℃的环境温度要求，可脱离母船自主连续工作近 30 天。此外，

由于1月的南极罗斯海正值盛夏，陆地周围的海冰融化成大小不一的浮冰，随着海流四处漂流。为此，考察队还特意准备了一根两米多长的竹竿用于推开浮冰，为布放、回收设备预留作业空间。根据海区冰山特点，科研人员还为“探索1000”加装了避碰功能模块，如同为汽车装上“倒车雷达”，使其具备极地海冰环境科考的应用条件。

万事俱备，只等布放。起吊、脱绳、遥控……考察队利用“雪龙”号在罗斯海新站卸货的间隙，布放了这台无人自主水下机器人，并让它沿着航路在南纬75度线向东航行了3.5千米。“探索1000”在冰海之下“探”到了什么？数据显示：它测到了罗斯海区域的温度、盐度和海流，还能“识别”海水中的溶解氧，对于水质浊度也自有一番“见解”。

这次“真刀实枪”的应用验证了“探索1000”在极地海洋环境中的导航、航行、自主潜浮、无线数据通信、水面遥控和布放、回收等功能，是一场名副其实的“破冰之旅”，标志着我国南极科考又增添了一种实用化观测手段。

回顾以往，由于南北极部分海域长年被海冰覆盖，传统的海冰考察方法是在海冰上钻孔，不仅效率较低，且获得的数据也很有限。水下机器人可不受海冰影响观测海冰特征、冰下水文、环境和生物等，从而获得大量有效的数据。南极地区存在许多冰架，如何对冰架进行有效探查一直是南极考察的难点。

科考人员在冰面钻孔。

水下机器人被公认为是在极地海洋开展大范围、大深度、长时间综合考察的有效技术手段。早在20世纪80年代，许多发达国家就开始研发极地考察水下机器人。进入21世纪，英国科学家于2005年利用水下机器人对南极芬布尔冰架首次进行冰架下探测，在2009年利用水下机器人探索了南极松岛冰川地区，水下机器人最深一次在冰架下行驶约60千米，获得了冰架下海底高分辨率地形资料和冰架底部精细结构数据。

2003年，我国第二次北极科学考察期间，考察队员首次利用"海极"号遥控水下机器人探测海洋环境。该水下机器人是中科院沈阳自动化研究所在短期内开发的专用水下机器人。为符合北极作业要求，"海极"号采取了一系列针对性措施：机器人顶端加装防护装置，防止关键部件被海冰撞坏；配置声学高度计，与机器人的深度压力传感器相互配合，可提供一套测量海冰厚度的方案；配置惯性角度测量系统，当磁罗盘在高纬度地区无法工作时，可提供机器人本体的方位角；为了适应不同的作业平台，"海极"号采用灵活收放方式，可在小艇或"雪龙"号船上布放。

"海极"号水下机器人携带了仰视声呐和视频观测设备，可一次性完成冰下测点周围250米范围内的冰厚和海冰底部形态的观测。2003年8月1日—9月6日，"海极"号在楚科奇海、楚科奇海台和加拿大海盆共完成了8次冰下作业，获得了大量高质量数据和图像资料。

此后，沈阳自动化研究所再接再厉，研制出一款既可大范围运动又能在局部范围内精细观测的新型水下机器人。该水下机器人被称作"ARV"，它的英文名字来源于ROV和AUV。目前，该型水下机器人已参加了3次北极科考。2008年第一次应用时，考察队员通过"雪龙"号船搭载的"中山"艇把机器人布放下去，让机器人在海冰的边缘和底下航行。这是我国科学家第一次用水下机器人看到北极海冰下的壮观景象。

2010年，考察队员用时3天在北纬87°厚达1.8米的海冰上凿了一个冰洞，把水下机器人从洞口投放下去，待任务完成后，再将其从冰洞回收上来。这次试验验证了该型水下机器人完成任务后可回到原投放地。2014年，改进后的水下机器人体积缩小了近一半，布放更加便捷。机器人钻进冰洞后"看"到了海冰下的冰裂

"北极"ARV

缝以及海冰融池等诸多现象。

中国第35次南极考察队首次采用“探索1000”在罗斯海极区海洋环境下开展系统、连续的海洋剖面要素观测。罗斯冰架下方的海水温度约为 –1.9℃，被称为“冷腔”。冰架及其冷腔是连接大洋和南极冰盖的纽带，对南极冰盖的稳定性和大洋环流有重要影响。“探索1000”获取的观测数据进一步验证了绕极深层水在三维空间上的立体分布特征，标志着我国水下机器人技术正式登上了极区海洋观测领域的世界舞台。我国未来将进一步开展冰架下观测。

2020年，“探索1000”应用于中国第36次南极科考，完成了南大洋海洋环境自主水下机器人调查任务，为考察队执行罗斯海多环境要素综合调查提供了技术支撑。

2020年年初，“雪龙”号极地考察船抵达南大洋罗斯海新站附近海域，考察队按航次计划布放“探索1000”。“探索1000”按照计划完成自主执行多海洋要素走航观测后被成功回收至“雪龙”号极地考察船。在本次作业中，“探索1000”水下连续工作35小时，航程约达68千米，完成了17个剖面的科学观测，获得了海流、温度、盐度、浊度、溶解氧及叶绿素等大量水文探测数据，验证了我国自主水下机器人在极端海洋环境中开展科学探测的实用性和可靠性，为极地冰盖冰架下科学研究取得突破进展提供了重要手段。这也是国内水下机器人首次在南极高纬度下长时间进行下海科研活动。

本航次是“探索1000”继参加中国第35次南极科学考察后第二次挺进南大洋，也是其在完成多项关键技术升级后的首次大洋应用。

“探索1000”回航。

未来，极地考察水下机器人将向多功能、多用途、可重组的复合能力方向发展，必将进一步提高我国极地科学考察能力。

【致谢】本书写作时参考了《奇异的深海》(上海科学技术文献出版社, 2014)、《“黄胖鱼”有何过人之处》(人民日报, 2018)、《“沈括”号在西太平洋展开海试与科考作业》(新华网,2018)。

“深海勇士号”载人潜水器总设计师胡震(中船重工第702研究所研究员)和“海翼”号深海滑翔机总设计师俞建成(中国科学院沈阳自动化研究所研究员)提供了相关设备图片;潜龙系列AUV总设计师刘健(中国科学院沈阳自动化研究所研究员)和“潜龙三号”副总设计师许以军(中国科学院沈阳自动化研究所高级工程师)审读了本书相关章节并提出修改意见;“海燕”团队负责人王树新(天津大学副校长)、技术骨干王延辉(天津大学机械工程学院教授)和杨绍琼(天津大学机械工程学院讲师)审阅了相关章节并提出修改意见。在此一并感谢!

后　记

2018年6月12日，习近平总书记在山东考察时，来到青岛海洋科学与技术试点国家实验室，了解实验室研究重大前沿科学问题、系统布局和自主研发海洋高端装备、推进海洋军民融合等情况后，深情地说："建设海洋强国，我一直有这样一个信念。"

总书记的这句话打动了所有海洋工作者。于是，多方经过反复沟通、探讨，就形成了本书系。

本书系一共有4本:《驶向深蓝·纵横九万里》以船舶为主线，主要介绍我国大洋、极地科考以及海洋卫星的发展历程;《挺进深海·潜航一万米》以潜水器为主线，主要介绍载人潜水器、无人潜水器及水下机器人的研发历程;《耕海牧渔·奋楫千重浪》主要以海洋渔业为主线，介绍我国海洋养殖、捕捞业的发展历程;《定海神针·决战新要地》以海洋经济发展为主线，介绍我国跨海大桥、港口、海水淡化、海洋资源开发、海洋生物医药等发展情况。

本书系系统讲述了我国海洋领域具有代表性的重大装备的发展历程、创新技术、科学原理、背后故事、重要成果，如同一幅波澜壮阔的蓝色画卷，徐徐展开。

为了保证事实准确、数据可靠，我们得到了自然资源部所属的国家海洋局极地考察办公室、中国大洋协会办公室、北海局、东海局、南海局，海洋一所、二所、三所、淡化所，国家卫星海洋应用中心、国家深海基地管理中心、中国极地中心以及天津大学、中科院沈阳自动化所、大连海洋大学等有关专家的支持和帮助，纠正了一些错误，并得到了大量历史图片。在此，我们深表感谢。

建设海洋强国是近代百余年来无数有识之士所期盼的，更需要一代又一代人前赴后继地为之奋斗，让过去有海无防、有海无权、落后挨打、割地赔款的耻辱彻底成为历史。

站在海边远眺，波浪一层一层地由近及远，直抵天际。辽阔的海天之间，蕴藏着力量、神秘、恐惧、梦想和远方。

心若在，梦就在；海洋强，则国强。实现中华民族伟大复兴的中国梦，建设海洋强国必不可少。

谨以本书系献给那些"愿乘长风，破万里浪"和"直挂云帆济沧海"的勇士们。

图书在版编目（CIP）数据

挺进深海·潜航一万米/ 王自堃，赵建东编著. —青岛：青岛出版社，2021.6
ISBN 978-7-5552-8544-1

Ⅰ.①挺… Ⅱ.①王… ②赵… Ⅲ.①潜水器—技术史—中国 Ⅳ.①P754.3-092

中国版本图书馆CIP数据核字（2019）第190186号

书　　名	**挺进深海·潜航一万米**
作　　者	王自堃　赵建东
出版发行	青岛出版社（青岛市海尔路182号，266061）
本社网址	http://www.qdpub.com
策划编辑	张性阳
责任编辑	宋来鹏　王春霖
照　　排	青岛出版社教育设计制作中心
印　　刷	青岛嘉宝印刷包装有限公司
出版日期	2021年6月第1版　2021年6月第1次印刷
开　　本	16开（787mm×1092mm）
印　　张	9.25
字　　数	180千
书　　号	ISBN 978-7-5552-8544-1
定　　价	48.00元

编校印装质量、盗版监督服务电话　4006532017　0532-68068050